高等院校规划教材
电子信息系列

通信原理
实验教程

主　编◎翟　葵　常　静　李莉萍

编　委◎（按姓氏笔画排序）

李莉萍　张红伟　常　静　翟　葵

TONGXIN YUANLI
SHIYAN JIAOCHENG

北京师范大学出版集团
BEIJING NORMAL UNIVERSITY PUBLISHING GROUP
安徽大学出版社

图书在版编目(CIP)数据

通信原理实验教程/翟葵,常静,李莉萍主编. — 合肥:安徽大学出版社,
2023.12

高等院校规划教材. 电子信息系列

ISBN 978-7-5664-2666-6

Ⅰ. ①通… Ⅱ. ①翟… ②常… ③李… Ⅲ. ①通信原理－实验－高等学校－
教材 Ⅳ. ①TN911-33

中国国家版本馆 CIP 数据核字(2023)第 142279 号

通信原理实验教程

翟 葵 常 静 李莉萍 主编

出版发行：北京师范大学出版集团
安 徽 大 学 出 版 社
(安徽省合肥市肥西路 3 号 邮编 230039)
www.bnupg.com
www.ahupress.com.cn

印 刷：合肥锦华印务有限公司
经 销：全国新华书店
开 本：787 mm×1092 mm 1/16
印 张：10.75
插 页：3.75
字 数：266 千字
版 次：2023 年 12 月第 1 版
印 次：2023 年 12 月第 1 次印刷
定 价：54.00 元

ISBN 978-7-5664-2666-6

策划编辑:刘中飞 武溪溪 　　　　**装帧设计**:李 军
责任编辑:王梦凡 武溪溪 　　　　**美术编辑**:李 军
责任校对:陈玉婷 　　　　　　　　**责任印制**:赵明炎

前言 Foreword

通信原理是现代通信技术的核心，是一门理论性与实践性很强的专业基础课程。由于通信技术快速发展，通信技术人员不仅要掌握现有技术，还要具有扎实的通信原理基础以及对新技术不断学习和实践的能力。通信原理理论课程和相关实验课程一直是高校通信专业人才培养方案中的重点课程，能够落实学生对通信原理的基本理论、技术应用的理解，提高学生理论联系实际的能力，培养学生的动手实践能力和分析、解决复杂工程应用问题的能力，是通信原理课程体系的重点。为强化通信原理实验对通信原理理论课程的支撑作用，全面落实理论与实践的结合，编者汇总多年教学内容和经验，编写了《通信原理实验教程》。本教材依据通信原理教学大纲体系配套设计，内容涵盖信源编解码技术、基带传输编译码技术、基本的数字调制与解调、模拟调频、滤波器设计、射频系统收发等相关实验，力图帮助学生理解通信理论知识，并在此基础上，培养学生的自主创新设计能力。本教材将通信原理知识灵活地运用在实验教学环节中，可独立使用也可组合使用。本教材电路原理清晰，重点突出，实验内容丰富，注重理论分析与实际动手相结合，以理论指导实践，以实践验证基本理论，能够提高学生分析问题、解决问题的能力。其中，基于软件无线电综合实训平台的二次开发创新实验，能进一步加强学生对理论知识的运用，帮助学生逐步建立清晰的通信系统架构。

全书分为3章，共17个实验。第1章为单元电路实验，包括通信原理重要的知识点，该部分主要通过实验对理论知识进行验证，培养学生的理论基础和实验技能。第2章为数字系统综合实验，在完成相关数字系统内容的学习后，进行数字系统综合实验，使学生深入理解通信理论，并提高综合应用能力。第3章为基于软件无线电的创新设计实验，该部分为学生提供创新设计平台，让学生锻炼自主开发能力，侧重于对学生电路设计能力、软件编程能力、综合分析能力的培养。附录部分给出主要实验的实际波形与频谱参考图，便于学生进行总结分析。大部分实验内容含思考题和波形、频谱分析，力求加深学生对实验原理的理解，拓宽学生的知识面，同时，为学生提供一定的思考空间。此外，还安排有自主设计性实验

2

和开发性、创新性实验,可以促进学生创新能力的培养。本教材内容力求清晰准确,内容设计中突出原理阐述、实验操作、性能特点和分析方法,使理论与实验教学紧密结合,基于软件无线电综合实训平台的创新设计实验,也紧跟现代通信新技术的脚步。本教材以验证性基础实验、综合性系统实验、提高创新性实验、自主设计性实验的渐进性顺序,设计通信原理实验教学内容,挖掘现象背后的原理知识,注重对理论知识的扎实训练与对创新实践能力的培养。

本书由翟葵、常静和李莉萍主编。翟葵主要编写实训平台简介、第 1 章单元电路实验,以及附录中的实验参考波形;常静主要编写第 2 章数字系统综合实验、第 3 章基于软件无线电的创新设计实验;李莉萍、张红伟参与本书部分内容的编写、原理框图的绘制和实验验证工作;许先璠教授对全书进行审稿。在本书编写过程中,得到了武汉凌特电子技术有限公司的大力支持,在此表示感谢。

鉴于作者水平有限,书中难免有疏漏、错误之处,敬请读者批评指正。

编 者

2023 年 7 月

实验操作说明

本说明适用于通信原理实训平台,主要介绍了实验前期模块准备、参数设置、波形观测等一系列基本操作的注意事项,并为实验者提供一定的操作参考方法。

(1)实验前,先检查所需模块是否固定好,供电是否良好。在未连线的情况下打开实验箱总电源开关及各模块电源开关,模块左边电源指示灯应全亮,若有指示灯未亮,请关闭电源,拧紧模块四角的螺丝钉后再次检查。

(2)准备工作完成后,请在断电情况下根据实验指导书中的步骤进行连线。

(3)打开电源开关后,需要先进行菜单设置,再进行实验。打开电源后,自动进入主菜单界面,旋转控制旋钮,选择所需实验课程,按下旋钮进入实验课程,再在实验课程中选择所需的实验课程。选择所需实验课程时会弹出相应的实验信息提示,按下确定键,提示框消失,进入所选实验课程界面。

(4)实验观测前,需要调节信号源输出信号的相关参数。用示波器探头夹夹住导线的金属头,将导线另一端连接到待测信号源输出端口,再调节相应旋钮和按键开关。

(5)观测实验波形时,有三种基本测试方法。①对于测试勾,可直接用示波器探头夹夹住测试勾,并确定夹紧;②将示波器探头夹取下来,直接用探头夹接触测试点,观察波形时需要固定好示波器探头;③用导线连接台阶插座与示波器探头夹,连接方法同实验操作说明中第(4)项。

(6)本实验指导书中的实验步骤基本分为五部分。①了解实验原理和实验目的;②实验初始状态设置:包含菜单设置、实验前模块拨码开关设置以及信号源输出设置等;③实验初始状态说明:统一说明实验中各信号源初始状态及实验环境;④用导线正确连接实验模块;⑤观测:针对各实验项目要求,用示波器等辅助仪器观测并记录实验结果。

Contents

单元电路实验

1.1 信 号 源 实 验

【实验目的】

(1)了解频率连续变化的各种波形的产生方法。

(2)了解方波、正弦波、3 kHz+1 kHz 正弦合成波等各种信号的频谱。

(3)理解帧同步信号与位同步信号在整个通信系统中的作用。

(4)熟练掌握主控和信号源模块的使用方法。

【实验内容】

(1)熟练掌握主控和信号源模块的设置和使用方法。

(2)观察频率连续可变信号发生器输出的各种波形。

(3)观察设置测试各种模拟信号的输出。

(4)观察设置测试各种数字信号的输出。

(5)观察帧同步信号的输出。

【实验器材】

(1)主控和信号源模块	1块
(2)双踪示波器	1台
(3)频率计(可选)	1台
(4)连接线	若干

【实验原理】

主控和信号源模块可以大致分为模拟部分和数字部分,分别产生模拟信号和数字信号。

1.模拟信号源部分

模拟信号源部分由直接数字频率合成器(direct digital frequency

synthesizer,DDS)产生,DDS 可以输出频率和振幅任意改变的正弦波(频率变化范围 10 Hz~2 MHz)、三角波(频率变化范围 10 Hz~200 kHz)、方波(频率变化范围 10 Hz~200 kHz)、音乐信号以及 128 kHz 和 256 kHz 的点频正弦波(振幅可以调节),各种波形的频率和振幅的调节方法请参考具体实验步骤。

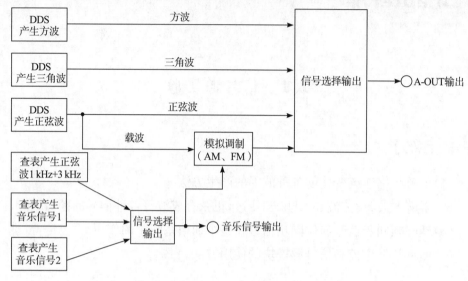

图 1-1-1　模拟信号源方框图

图 1-1-1 中,DDS 信号源是目前常用的信号发生器电路,DDS 的基本原理是利用采样定理,通过查表法产生波形。其工作原理如图 1-1-2 所示,通信原理实验需要各种信号源,DDS 是一种很好的选择。

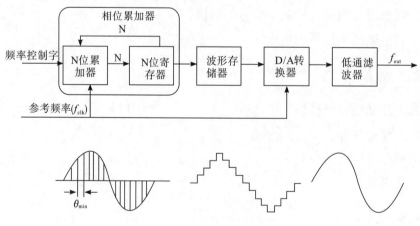

图 1-1-2　DDS 信号源原理图

相位累加器由 N 位累加器与 N 位寄存器级联构成。每来一个时钟脉冲,累加器便将频率控制字 K 与寄存器输出的累加相位数据相加,并将相加后的结果送至寄存器的数据输入端。寄存器将累加器在上一个时钟脉冲作用后所产生的新相位数据反馈到累加器的输入端,使累加器在下一个时钟脉冲的作用下继续与频率控制字相加。这样,相位累加器便在时钟作用下,不断对频率控制字进行线性相位累加。可以看出,相位累加器在每一个时钟脉冲输入时,把频率控制字累加一次,相位累加器输出的数据就是合成信号的相位,相位累加器的溢出频率就是 DDS 输出的信号频率。用相位累加器输出的数据作为波形存储器 ROM 的相位取样地址,这样就可以把存储在波形存储器内的波形抽样值(二进制编码)经查找表查出,完成相位到幅值的转换。波形存储器的输出送到 D/A 转换器,D/A 转换器将数字量形式的波形幅值转换成所要求合成频率的模拟量形式信号。低通滤波器用于滤除不需要的取样分量,以便输出频谱纯净的正弦波信号。

DDS 在相对带宽、频率转换时间、高分辨率、相位连续性、输出波形以及集成化等一系列性能指标方面远远超过传统频率合成技术所能达到的水平,为系统提供了优于模拟信号源的性能。

(1)输出频率相对带宽较宽。输出频率带宽的理论值为 50% 的时钟脉冲,但考虑到低通滤波器的特性和设计难度以及对输出信号杂散的抑制,实际的输出频率带宽仅能达到 40% 的时钟脉冲。

(2)频率转换时间短。DDS 是一个开环系统,无任何反馈环节,这种结构使得 DDS 的频率转换时间极短。事实上,在 DDS 的频率控制字改变之后,需经过一个时钟周期后再按照新的相位增量累加,才能实现频率的转换。因此,频率转换的时间等于频率控制字的传输时间,也就是一个时钟周期的时间。时钟频率越高,转换时间越短。DDS 的频率转换时间可达纳秒数量级,比使用其他的频率合成方法的转换时间都要短。

(3)频率分辨率极高。若时钟脉冲的频率不变,DDS 的频率分辨率就由相位累加器的位数 N 决定。只要增加相位累加器的位数 N,即可获得任意小的频率分辨率。目前,大多数 DDS 的分辨率在 1 Hz 数量级,如果需要,可以小于 1 mHz 甚至更小。

(4)相位变化连续。改变 DDS 的输出频率,实际上改变的是每一个时钟周期的相位增量,相位函数的曲线是连续的,只是在改变频率的瞬间其频率发生了突变,因而保持了信号相位的连续性。

(5)输出波形具有灵活性。只要在 DDS 内部加上相应控制,如频率调制(frequency modulation,FM)、相位调制(phase modulation,PM)和振幅调制(amplitude modulation,AM),即可以方便灵活地实现调频、调相和调幅功能,产生多种信号。另外,只要在 DDS 的波形存储器存放不同波形的数据,就可以实现各种波形输出,如三角波、锯齿波和矩形波。当 DDS 的波形存储器分别存放正弦和余弦函数表时,可得到正交的两路输出。

(6)其他优点。由于 DDS 中几乎所有部件都属于数字电路,易于集成,功耗低、体积小、重量轻、可靠性高,且易于程序控制,使用相当灵活,因此性价比极高,在通信工程设备中被广泛使用。

2. 数字信号源部分

数字信号源部分可以产生多种频率的点频方波、位同步(bit synchronous, BS)信号和帧同步(frame synchronous,FS)信号。绝大部分电路功能可通过分频器单元来完成,通过设置可改变整个数字信号源位同步信号和帧同步信号的速率,该部分电路原理框图如图 1-1-3 所示。

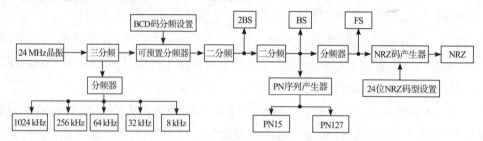

图 1-1-3 数字信号源原理框图

【主控和信号源模块介绍】

1. 按键及接口说明

主控和信号源按键及接口说明如图 1-1-4 所示。

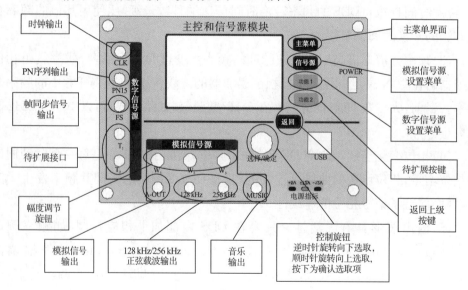

图 1-1-4 主控和信号源按键及接口说明

2. 功能说明

(1)模拟信号源功能。模拟信号源菜单由“信号源”按键进入，在该菜单下通过“选择/确定”键可以依次设置：“输出波形”→“输出频率”→“调节步进”→“音乐输出”→“占空比”(占空比只有在输出方波模式下才出现)。在设置状态下，调节“选择/确定”键就可以设置参数，菜单如图 1-1-5 所示。

模拟信号源
输出波形:正弦波
输出频率:0001.00 kHz
调节步进:10 Hz
音乐输出:音频1

(a)输出正弦波时没有占空比选项

模拟信号源
输出波形:方波
输出频率:0001.00 kHz
调节步进:10 Hz
音乐输出:音频1
占空比:50%

(b)输出方波时有占空比选项

图 1-1-5　模拟信号源菜单

注：上述设置是有顺序的。例如，从“输出波形”设置切换到“音乐输出”需要按 3 次“选择/确定”键。

下面对每一种设置进行详细说明：

①“输出波形”设置。一共有 6 种波形可以选择。

正弦波：输出频率为 10 Hz～2 MHz。

方波：输出频率为 10 Hz～200 kHz。

三角波：输出频率为 10 Hz～200 kHz。

全载波双边带调幅(double side-band full carrier，DSBFC)：由正弦波作为载波，音乐信号作为调制信号，输出全载波双边带调幅。

抑制载波双边带调幅(double side-band suppressed carrier，DSBSC)：由正弦波作为载波，音乐信号作为调制信号，输出抑制载波双边带调幅。

FM：载波固定为 20 kHz，音乐信号作为调制信号。

②“输出频率”设置。顺时针旋转“选择/确定”键可以增大频率，逆时针旋转可以减小频率。频率的步进值根据“调节步进”参数来增大或减小。在“输出波形”为 DSBFC 和 DSBSC 时，设置的是调幅信号载波的频率；在“输出波形”为 FM 时，设置频率对输出信号无影响。

③“调节步进”设置。顺时针旋转“选择/确定”键可以增大步进，逆时针旋转可以减小步进。步进分为“10 Hz”“100 Hz”“1 kHz”“10 kHz”“100 kHz”五挡。

④“音乐输出”设置。设置“MUSIC”端口输出信号的类型，信号输出有“音乐 1”“音乐 2”“3 kHz+1 kHz 正弦波”三种。

⑤“占空比”设置。顺时针旋转“选择/确定”键可以增大占空比，逆时针旋转可以减小占空比。占空比调节范围为 10%～90%，以 10%为步进调节。

（2）数字信号源功能。数字信号源菜单由"功能 1"按键进入，在该菜单下通过"选择/确定"键可以设置"PN 输出频率"和"FS 输出"。菜单如图 1-1-6 所示。

图 1-1-6　数字信号源菜单

①"PN 输出频率""PN 输出码型"设置。设置"CLK"端口的频率及"PN"端口的码速率，频率范围为 1～2048 kHz。

②"FS 输出"设置。设置"FS"端口输出帧同步信号的模式。

模式 1（要求"PN 输出频率"不小于 16 kHz，主要用于脉冲编码调制实验、自适应差分脉冲编码调制实验及时分复用实验）：帧同步信号保持 8 kHz 的周期不变，帧同步的脉宽为 CLK 的一个时钟周期。

模式 2（主要用于汉明码编译码实验）：帧同步的周期为 8 个 CLK 时钟周期，帧同步的脉宽为 CLK 的一个时钟周期。

模式 3（主要用于 BCH 码编译码实验）：帧同步的周期为 15 个 CLK 时钟周期，帧同步的脉宽为 CLK 的一个时钟周期。

（3）通信原理实验菜单功能。选择"主菜单"按键后的第一个选项"通信原理"，再确定进入各实验菜单。菜单如图 1-1-7 所示。

主菜单
1　通信原理
2　模块设置
3　系统升级

主菜单
1　抽样定理
2　PCM编码
3　ADPCM编码
4　ΔM及CVSD编译码
5　ASK数字调制解调
6　FSK数字调制解调

（a）主菜单　　　　（b）进入通信原理实验菜单

图 1-1-7　"通信原理实验"菜单

进入"通信原理实验"菜单后，"选择/确定"键逆时针旋转光标会向下走，"选择/确定"键顺时针旋转光标会向上走。按下"选择/确定"时，会设置光标所在实验的功能。有的实验会跳转到下级菜单，有的则没有下级菜单，没有下级菜单的实验选项会在实验名称前标记"√"。

在选中某个实验时，主控模块会向实验所涉及的模块发送命令，因此，需要这些模块的电源开启，否则会设置失败。实验具体需要哪些模块，在具体实验步骤中均有说明,详见具体实验。

3. 模块设置功能①

选择"主菜单"按键后的第二个选项"模块设置",再进入"模块设置"菜单。在"模块设置"菜单中可以对各个模块的参数分别进行设置,如图 1-1-8 所示。

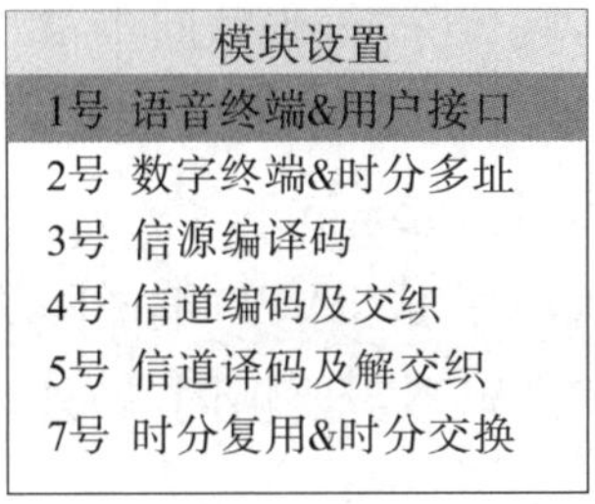

```
┌─────────────────────────┐
│        模块设置          │
├─────────────────────────┤
│ 1号 语音终端&用户接口    │
│ 2号 数字终端&时分多址    │
│ 3号 信源编译码           │
│ 4号 信道编码及交织       │
│ 5号 信道译码及解交织     │
│ 7号 时分复用&时分交换    │
└─────────────────────────┘
```

图 1-1-8　"模块设置"菜单

(1)1 号 语音终端 & 用户接口:设置该模块两路 PCM 编译码模块的编译码规则是 A 律还是 μ 律。

(2)2 号 数字终端 & 时分多址:设置该模块 BSOUT 的时钟频率。

(3)3 号 信源编译码:设置该模块现场可编程门阵列(field programmable gate array,FPGA),工作于"PCM 编译码""ADPCM 编译码""LDM 编译码""CVSD 编译码""FIR 滤波器""IIR 滤波器""反 SINC 滤波器"等模式(测试模式仅在生产中使用)。由于模块的端口会在不同功能下有不同用途,因此,下面对每一种功能进行说明。

①脉冲编码调制(pulse code modulation,PCM)编译码:该模式下 FPGA 完成 PCM 编译码功能,同时完成 PCM 编码 A/μ 律或 μ/A 律转换的功能,其子菜单还能够设置 PCM 编译码 A/μ 律及 A/μ 律转换的方式,端口功能如下。

a. 编码时钟:输入编码时钟。

b. 编码帧同步:输入编码帧同步。

c. 编码输入:输入编码的音频信号。

d. 编码输出:输出编码信号。

e. 译码时钟:输入译码时钟。

f. 译码帧同步:输入译码帧同步。

g. 译码输入:输入译码的 PCM 信号。

h. 译码输出:输出译码的音频信号。

i. A/μ-IN:A/μ 律转换输入端口。

j. A/μ-OUT:A/μ 律转换输出端口。

─────────────────

①　该功能只在自行设计实验时用到。

②自适应差分脉冲编码调制（adaptive differential pulse code modulation，ADPCM）编译码：该模式下 FPGA 完成 ADPCM 编译码功能，其端口功能和PCM 编译码一样。

③线性增量调制（linear delta modulation，LDM）编译码：该模式下 FPGA 完成简单增量调制编译码功能，端口除"编码帧同步"和"译码帧同步"部分（LDM 编译码不需要帧同步）外，其他端口功能与 PCM 编译码一样。

④连续可变斜率增量调制（continuously variable slope delta modulation，CVSD）编译码：该模式下 FPGA 完成 CVSD 编译码功能，端口除"编码帧同步"和"译码帧同步"部分（CVSD 编译码不需要帧同步）外，其他端口功能与 PCM 编译码一样。

⑤有限冲激响应（finite impulse response，FIR）滤波器：该模式下 FPGA 完成FIR 数字低通滤波器功能（采用 100 阶汉明窗设计，截止频率为 3 kHz）。该功能主要用于抽样信号的恢复，端口功能说明如下。

a. 编码输入：FIR 滤波器输入口。

b. 译码输出：FIR 滤波器输出口。

⑥无限冲激响应（infinite impulse response，IIR）滤波器：该模式下 FPGA 完成 IIR 数字低通滤波器功能（采用 8 阶椭圆滤波器设计，截止频率为 3 kHz）。该功能主要用于抽样信号的恢复，端口功能与 FIR 滤波器相同。

⑦反 SINC 滤波器：该模式下 FPGA 完成反 SINC 数字低通滤波器。该功能主要用于消除抽样的孔径效应，端口功能与 FIR 滤波器相同。

(4)7 号 时分复用 & 时分交换：功能一为设置时分复用的速率为 256 kbps/2048 kbps；功能二是当复用速率为 2048 kbps 时，调整 DIN_4 的时隙。

(5)8 号 基带编译码：设置该模块 FPGA 工作于"AMI""HDB_3""CMI""BPH"编译码模式。

(6)10 号 软件无线电调制：设置该模块的二进制相移键控的具体参数，具体参数如下。

①是否差分：设置输入信号是否进行差分，即为二进制相移键控调制还是差分二相相移键控调制。

②相移键控调制方式选择：设置二进制相移键控调制是否经过成形滤波。

③输出波形设置：设置"IN-OUT"端口输出成形滤波后的波形或调制信号。

④匹配滤波器设置：设置成形滤波为升余弦滤波器或根升余弦滤波器。

⑤基带速率选择：设置基带速率为 16 kbps、32 kbps 或 56 kbps。

(7)11 号 软件无线电解调：设置该模块的两个参数，即二进制相移键控解调是否需要逆差分变换和解调速率调整。

4. 注意事项

（1）实验开始时要将所需模块固定在实验箱上，并确定接触良好，否则菜单无法设置成功。

（2）信号源设置中，模拟信号源输出步进可调节，便于不同频率变化的需要。

【实验报告】

（1）简述模拟信号与数字信号产生的方法。

（2）记录信号源产生的各种模拟信号波形，并准确记录帧同步信号波形。

1.2　抽样定理实验

【实验目的】

（1）掌握抽样定理的概念。

（2）理解脉冲振幅调制的原理和特点。

（3）了解脉冲振幅调制波形的频谱特性。

（4）了解脉冲振幅调制与解调电路的实现过程。

【实验内容】

（1）观察音频信号、抽样脉冲及脉冲振幅调制信号的波形，并注意它们之间的相互关系。

（2）改变抽样时钟的占空比，观察脉冲振幅调制信号及其解调信号波形的变化情况。

（3）观察脉冲振幅调制波形的频谱。

【实验器材】

（1）主控和信号源模块	1块
（2）信源编译码模块（3号模块）	1块
（3）双踪示波器	1台
（4）双路信号发生器（可选）	1台
（5）立体声单放机（可选）	1台
（6）立体声耳机（可选）	1副
（7）连接线	若干

【实验原理】

1. 低通抽样定理

抽样定理表明：一个频带限制在 $(0, f_H)$ 内的时间连续信号 $m(t)$，如果以 $T \leqslant \dfrac{1}{2f_H}$ 秒的间隔对它进行等间隔抽样，则 $m(t)$ 将被所得到的抽样值完全确定。

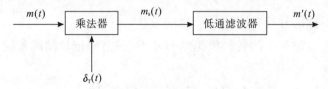

图 1-2-1 抽样与恢复

如图 1-2-1 所示，假定将信号 $m(t)$ 和周期为 T 的冲激函数 $\delta_T(t)$ 相乘，得到的乘积便是均匀间隔为 T 秒的冲激序列，这些冲激序列的强度等于 $m(t)$ 在该瞬时的值，它表示对函数 $m(t)$ 的抽样。若用 $m_s(t)$ 表示此抽样函数，则有

$$m_s(t) = m(t)\delta_T(t) \tag{1-2-1}$$

假设 $m(t)$、$\delta_T(t)$ 和 $m_s(t)$ 的频谱分别为 $M(\omega)$、$\delta_T(\omega)$ 和 $M_s(\omega)$，按照频率卷积定理，$m(t)\delta_T(t)$ 乘积的傅里叶变换是 $M(\omega)$ 和 $\delta_T(\omega)$ 的卷积

$$M_s(\omega) = \frac{1}{2\pi}[M(\omega) * \delta_T(\omega)] \tag{1-2-2}$$

因为

$$\delta_T = \frac{2\pi}{T}\sum_{n=-\infty}^{\infty} \delta_T(\omega - n\omega_s)$$

且

$$\omega_s = \frac{2\pi}{T}$$

所以

$$M_s(\omega) = \frac{1}{T}\Big[M(\omega) * \sum_{n=-\infty}^{\infty} \delta_T(\omega - n\omega_s)\Big] \tag{1-2-3}$$

由卷积关系，上式可写成

$$M_s(\omega) = \frac{1}{T}\sum_{n=-\infty}^{\infty} M(\omega - n\omega_s) \tag{1-2-4}$$

该式表明，已抽样信号 $m_s(t)$ 的频谱 $M_s(\omega)$ 是无穷多个间隔为 ω_s 的 $M(\omega)$ 相叠加而成的，即 $M_s(\omega)$ 中包含 $M(\omega)$ 的全部信息。

需要注意的是，若抽样间隔 T 大于 $\dfrac{1}{2f_H}$，则 $M(\omega)$ 和 $\delta_T(\omega)$ 的卷积在相邻的周期内存在重叠(亦称混叠)，因此，不能由 $M_s(\omega)$ 恢复 $M(\omega)$。可见，$T = \dfrac{1}{2f_H}$ 是抽样

的最大时间间隔,它被称为奈奎斯特间隔。图 1-2-2 为抽样频率 $f_s \geqslant 2f_H$(不混叠)及抽样频率 $f_s < 2f_H$(混叠)两种情况下冲激抽样信号的频谱。

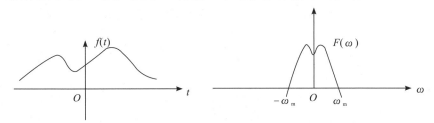

(a)连续信号的频谱

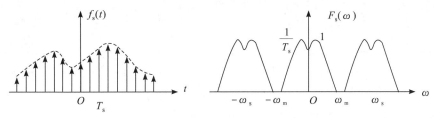

(b)高抽样频率时的抽样信号及频谱(不混叠)

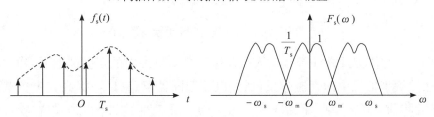

(c)低抽样频率时的抽样信号及频谱(混叠)

图 1-2-2　采用不同抽样频率时抽样信号的频谱

2. 带通抽样定理

实际中遇到的许多信号是带通信号。例如,超群载波电话信号,其频率在 312 ~552 kHz 之间。若带通信号的上截止频率为 f_H,下截止频率为 f_L,此时并不一定需要抽样频率高于 2 倍上截止频率。带通抽样定理说明,此时抽样频率 f_s 应满足

$$f_s = 2(f_H - f_L)\left(1 + \frac{M}{N}\right) = 2B\left(1 + \frac{M}{N}\right) \tag{1-2-5}$$

其中,$B = f_H - f_L$ 为信号带宽;$M = [f_H/(f_H - f_L)] - N$;$N$ 为不超过 $f_H/(f_H - f_L)$ 的最大正整数。由此可知,必有 $0 \leqslant M \leqslant 1$,因此,带通信号的抽样频率在 $2B$ 和 $4B$ 之间变动,与模拟信号最高频率值相当。

3. 脉冲振幅调制原理

所谓脉冲振幅调制(pulse amplitude modulation,PAM),就是脉冲载波的振幅随基带信号变化的一种调制方式。如果脉冲载波是由冲激脉冲组成的,上述所

介绍的抽样定理便为脉冲振幅调制的原理。

但是,实际上理想的冲激脉冲串在物理上难以实现,通常采用窄脉冲串来代替。本实验原理框图如图 1-2-3 所示,具体的电路原理图如图 1-2-4 所示。

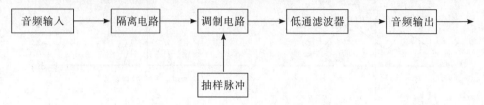

图 1-2-3　脉冲振幅调制原理框图

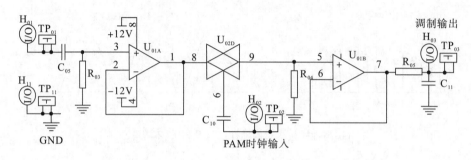

图 1-2-4　脉冲振幅调制电路原理图

图 1-2-4 中,从 PAM 音频输入端口输入 2 kHz 左右的正弦波信号,通过隔直电容去除模拟信号中的直流分量,通过电压跟随器电路(U_{01})提高其带负载的能力,然后将信号送入模拟开关(U_{02})。由于实际上理想的冲激脉冲串在物理上难以实现,这里用方波脉冲信号代替,具体实现方法是通过改变信号源分频值设置,使得模拟信号源端输出不同占空比、近似 8 kHz 的方波信号。该方波信号从 PAM 时钟输入端口输入,当方波为高电平时,模拟开关导通,正弦波通过并从调制端口输出;当方波为低电平时,模拟开关截止,输出零电平。

4. 脉冲振幅解调原理

若要还原出原始的音频信号,则将该 PAM 信号通过截止频率略大于信源最高频率的低通滤波器,滤除掉其中的高频成分即可,解调电路如图 1-2-5 所示。

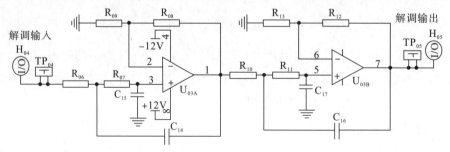

图 1-2-5　脉冲振幅调制信号解调电路原理图

【实验框图】

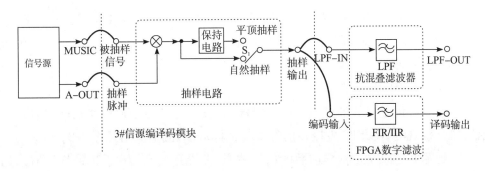

图 1-2-6　抽样定理实验框图

　　抽样定理实验框图如图 1-2-6 所示,抽样信号由抽样电路产生。将输入的被抽样信号与抽样脉冲相乘就可以得到自然抽样信号,自然抽样的信号经过保持电路得到平顶抽样信号。平顶抽样信号和自然抽样信号是通过开关 S_1 切换输出的。

　　抽样信号的恢复是将抽样信号经过低通滤波器得到的。这里滤波器可以选用抗混叠滤波器(8 阶 3.4 kHz 的巴特沃斯低通滤波器)或 FPGA 数字滤波器(有 FIR 和 IIR 两种)。反 SINC 滤波器用来应对孔径失真现象。

　　注:这里的数字滤波器只是借用信源编译码部分端口,与信源编译码实验的内容没有联系。

【实验项目】

一、抽样信号观测及抽样定理验证

　　该实验通过不同频率的抽样时钟,从时域和频域两方面观测自然抽样和平顶抽样的输出波形,以及信号恢复的混叠情况,了解不同抽样方式的输出差异和联系,验证抽样定理。

　　(1)关闭电源,按表 1-2-1 所示进行连线。

表 1-2-1　实验连线表(一)

源端口	目标端口	连线说明
信号源:MUSIC	信号源编译码模块:TH$_1$(被抽样信号)	将被抽样信号送入抽样单元
信号源:A-OUT	信号源编译码模块:TH$_2$(抽样脉冲)	提供抽样时钟
信号源编译码模块:TH$_3$(抽样输出)	信号源编译码模块:TH$_5$(LPF-IN)	送入模拟低通滤波器

(2)打开电源,设置主控菜单,选择"主菜单"→"通信原理"→"抽样定理"。调节主控模块的 W_1,使 A-OUT 输出峰-峰值为 3 V。

(3)此时实验系统初始状态:被抽样信号 MUSIC 为振幅 4 V、频率 3 kHz+1 kHz正弦合成波,抽样脉冲 A-OUT 为振幅 3 V、频率 9 kHz、占空比 20%的方波,波形见附录图 1-1。

(4)实验操作及波形观测。

①观测并记录自然抽样前后的信号波形:设置开关 S_1 为"自然抽样"挡位,用示波器分别观测 MUSIC 主控和信号源与抽样输出,波形见附录图 1-2。

②观测并记录平顶抽样前后的信号波形:设置开关 S_1 为"平顶抽样"挡位,用示波器分别观测 MUSIC 主控和信号源与抽样输出,波形见附录图 1-3。

③观测并对比抽样恢复后信号与被抽样信号的波形:设置开关 S_1 为"自然抽样"挡位,用示波器观测 MUSIC 主控和信号源与 LPF-OUT,以 100 Hz 的步进减小 A-OUT 主控和信号源的频率,比较观测并思考在抽样脉冲频率降为多少时恢复信号出现失真。

思考:观察当 A-OUT 为 9 kHz 时的被抽样信号和恢复信号(波形见附录图1-4)、当 A-OUT 约为 7 kHz 时的被抽样信号和恢复信号(波形见附录图 1-5),当抽样脉冲频率逐渐减小时,恢复信号会发生什么样的变化?

④从用频谱的角度验证抽样定理。用示波器频谱功能观测并记录被抽样信号 MUSIC 和抽样输出频谱,再以 100 Hz 的步进减小抽样脉冲的频率,观测抽样输出以及恢复信号的频谱,见附录图 1-6 至图 1-10。通过观测频谱,可以看到当抽样脉冲小于 2 倍被抽样信号频率时,恢复信号频谱会产生混叠。

注:示波器需要用 250 kSa/s 的采样率(即每秒采样点为 250 kSa)、FFT 缩放调节为×10 观测频谱变化。

二、滤波器幅频特性对抽样信号恢复的影响

该实验是通过改变不同抽样时钟频率,分别观测和绘制抗混叠低通滤波和 FIR 数字滤波的幅频特性曲线,并比较抽样信号经这两种滤波器后的恢复效果,从而了解和探讨不同滤波器幅频特性对抽样信号恢复的影响。

1. 测试抗混叠低通滤波器的幅频特性曲线

(1)关闭电源,按表 1-2-2 所示进行连线。

表 1-2-2 实验连线表(二)

源端口	目标端口	连线说明
信号源:A-OUT	信号源编译码模块:TH_5(LPF-IN)	将信号送入模拟滤波器

(2)打开电源,设置主控模块,选择"信号源"→"输出波形"和"输出频率",

通过调节相应旋钮,使 A-OUT 主控和信号源输出频率为 5 kHz、峰-峰值为 3 V 的正弦波。

(3)此时实验系统初始状态:抗混叠低通滤波器的输入信号为频率 5 kHz、振幅 3 V 的正弦波。

(4)实验操作及波形观测。用示波器观测 LPF-OUT。以 100 Hz 步进减小 A-OUT 主控和信号源输出频率,观测并记录 LPF-OUT 的频谱。

当 A-OUT 为 5 kHz 时,记录经 LPF-OUT 的输出信号幅值,波形见附录图 1-11。以 100 Hz 步进减小 A-OUT 频率,并记录相应 LPF-OUT 的输出信号幅值,A-OUT 为 3 kHz 时,LPF-OUT 输出信号波形见附录图 1-12,继续减小 A-OUT频率直至 A-OUT 为 200 Hz,记录实验数据,并填写表 1-2-3。

表 1-2-3　实验测试记录表(一)

A-OUT 频率/Hz	基频振幅/V
5k	
…	
4.5k	
…	
3.4k	
…	
3.0k	
…	
200	

由表 1-2-3 中数据,画出模拟低通滤波器的幅频特性曲线。

思考:对于 3.4 kHz 低通滤波器,为了更好地画出幅频特性曲线,我们可以如何调整信号源输入频率的步进值大小?

2. 测试 FIR 数字滤波器的幅频特性曲线

(1)关闭电源,按表 1-2-4 所示进行连线。

表 1-2-4　实验连线表(三)

源端口	目标端口	连线说明
信号源:A-OUT	信号源编译码模块:TH$_{13}$(编码输入)	将信号送入数字滤波器

(2)打开电源,设置主控菜单:选择"主菜单"→"通信原理"→"抽样定理"→"FIR 滤波器"。调节"信号源",使 A-OUT 输出频率为 5 kHz、峰-峰值为 3 V 的正弦波。

(3)此时实验系统初始状态:FIR 滤波器的输入信号为频率 5 kHz、振幅 3 V

的正弦波。

(4)实验操作及波形观测。用示波器观测译码输出,以 100 Hz 的步进减小 A-OUT 主控和信号源的频率。观测并记录译码输出的频谱。

当 A-OUT 为 5 kHz 时,输入信号为 A-OUT,记录 FIR 滤波输出测试点(译码输出)幅值,波形见附录图 1-13,逐步减小 A-OUT 频率,并记录 FIR 滤波输出测试点(译码输出)幅值,当 A-OUT 为 3 kHz 时,FIR 的输出信号波形见附录图 1-14,继续减小 A-OUT 频率直至 A-OUT 为 200 Hz,记录实验数据,并填写表 1-2-5。

表 1-2-5　实验测试记录表(二)

A-OUT 的频率/Hz	基频振幅/V
5k	
…	
4k	
…	
3	
…	
2	
…	
200	

由表 1-2-5 中数据,画出 FIR 低通滤波器的幅频特性曲线。

思考:对于 3 kHz 低通滤波器,为了更好地画出幅频特性曲线,我们可以如何调整信号源输入频率的步进值大小?

3. 分别利用上述两种滤波器对被抽样信号进行恢复并比较被抽样信号的恢复效果

(1)关闭电源,按表 1-2-6 所示进行连线。

表 1-2-6　实验连线表(四)

源端口	目标端口	连线说明
信号源:MUSIC	信号源编译码模块:TH$_1$(被抽样信号)	提供被抽样信号
信号源:A-OUT	信号源编译码模块:TH$_2$(抽样脉冲)	提供抽样时钟
信号源编译码模块:TH$_3$(抽样输出)	信号源编译码模块:TH$_5$(LPF-IN)	送入模拟低通滤波器
信号源编译码模块:TH$_3$(抽样输出)	信号源编译码模块:TH$_{13}$(编码输入)	送入 FIR 数字低通滤波器

(2)打开电源,设置主控菜单,选择"主菜单"→"通信原理"→"抽样定理"→

"FIR 滤波器"。调节 W_1 主控和信号源,使信号 A-OUT 输出峰-峰值为 3 V 左右。

(3)此时实验系统初始状态:待抽样信号 MUSIC 为 3 kHz+1 kHz 正弦合成波,抽样时钟信号 A-OUT 为频率 9 kHz、占空比 20% 的方波,波形见附录图 1-15。

(4)实验操作及波形观测。对比观测不同滤波器的信号恢复效果,用示波器分别观测 LPF-OUT 和译码输出,以 100 Hz 步进减小抽样时钟 A-OUT 的输出频率,对比观测模拟滤波器和 FIR 数字滤波器在不同抽样频率下信号恢复的效果(频率步进可以根据实验需求自行设置)。

①观测当抽样脉冲为 9 kHz 时,待抽样信号 MUSIC 和抗混叠低通滤波器的输出信号(LPF-OUT)波形见附录图 1-16。

②观测当抽样脉冲为 9 kHz 时,待抽样信号 MUSIC 和 FIR 低通滤波器的输出信号(译码输出)波形见附录图 1-17。

③观测当抽样脉冲为 7 kHz 时,待抽样信号 MUSIC 和抗混叠低通滤波器的输出信号(LPF-OUT)波形见附录图 1-18。

④观测当抽样脉冲为 7 kHz 时,待抽样信号 MUSIC 和 FIR 低通滤波器的输出信号(译码输出)波形见附录图 1-19。

思考:不同滤波器的幅频特性对抽样恢复有何影响?

三、滤波器相频特性对抽样信号恢复的影响

该实验是通过改变不同抽样时钟频率,从时域和频域两方面分别观测抽样信号经 FIR 滤波器和 IIR 滤波器后的恢复失真情况,从而了解和探讨不同滤波器相频特性对抽样信号恢复的影响。

1. 观察被抽样信号经过 FIR 低通滤波器与 IIR 低通滤波器后所恢复信号的频谱

(1)关闭电源,按表 1-2-7 所示进行连线。

表 1-2-7 实验连线表(五)

源端口	目标端口	连线说明
信号源:MUSIC	信号源编译码模块:TH₁(被抽样信号)	提供被抽样信号
信号源:A-OUT	信号源编译码模块:TH₂(抽样脉冲)	提供抽样时钟
信号源编译码模块:TH₃(抽样输出)	信号源编译码模块:TH₁₃(编码输入)	将信号送入数字滤波器

(2)打开电源,设置主控菜单,选择"主菜单"→"通信原理"→"抽样定理"。调节 W_1 主控和信号源,使信号 A-OUT 输出峰-峰值为 3 V 左右。

（3）此时实验系统初始状态：待抽样信号 MUSIC 为 3 kHz＋1 kHz 正弦合成波，抽样时钟信号 A-OUT 为频率 9 kHz、占空比 20％ 的方波。

（4）实验操作及波形观测。

①观测信号经 FIR 滤波后波形恢复效果：设置主控模块菜单，选择"抽样定理"→"FIR 滤波器"，设置"信号源"使 A-OUT 输出的抽样时钟频率为 7.5 kHz，用示波器观测恢复信号译码输出的波形（见附录图 1-20）和频谱（见附录图 1-21）。

②观测信号经 IIR 滤波后波形恢复效果：设置主控模块菜单，选择"抽样定理"→"IIR 滤波器"，设置"信号源"使 A-OUT 输出的抽样时钟频率为 7.5 kHz，用示波器观测恢复信号译码输出的波形（见附录图 1-22）和频谱（见附录图 1-23）。

思考：比较步骤①和②的测试波形，可以看到 FIR 滤波恢复输出信号的时域波形与原始被抽样信号的时域波形基本一致，略有一些失真，而 IIR 滤波恢复输出信号的时域波形则出现很明显的失真，思考原因。

2. 观测相频特性

（1）关闭电源，按表 1-2-8 所示进行连线。

表 1-2-8　实验连线表（六）

源端口	目标端口	连线说明
信号源：A-OUT	信号源编译码模块：TH$_{13}$（编码输入）	使源信号进入数字滤波器

（2）打开电源，设置主控菜单，选择"主菜单"→"通信原理"→"抽样定理"→"FIR 滤波器"。

（3）此时系统初始实验状态：A-OUT 为频率 9 kHz、占空比 20％ 的方波。

（4）实验操作及波形观测。对比观测信号经 FIR 滤波后的相频特性：设置"信号源"使 A-OUT 输出频率为 5 kHz、峰-峰值为 3 V 的正弦波，以 100 Hz 步进减小 A-OUT 输出频率，用示波器对比观测 A-OUT 主控和信号源与译码输出的时域波形。相频特性测量就是改变信号的频率，测量输出信号的延时（时域上观测），记入表 1-2-9 中。

表 1-2-9　实验测试记录表（三）

A-OUT 的频率/kHz	被抽样信号与恢复信号的相位延时/ms
3.5	
3.4	
3.3	
…	

注：在进行两种数字滤波器性能分析时，首先可以对比分析 FIR 滤波恢复输出信号和 IIR 滤波恢复输出信号的频谱谱线是否一致。即观测经 FIR 滤波与经

IIR 滤波恢复输出信号的频谱,并将其与被抽样信号 1 kHz＋3 kHz 正弦波的频谱做对比,见附录图 1-24。从频谱测试图比较可知,恢复信号中都只含有 1 kHz 和 3 kHz 的谱线,说明经不同滤波器输出的信号频谱并无不同。其次,观测经两种滤波器恢复的时域信号,发现 FIR 滤波恢复波形和 IIR 滤波恢复波形略有差别,是因为 1 kHz 和 3 kHz 谱线经过这两种滤波器后分别有不同程度的相移,导致其相位关系与原始被抽样信号的不同,从而在时域波形恢复上的表现不同。

当 A-OUT 为 3 kHz 正弦波时,A-OUT 与 FIR 滤波器输出的波形和相位关系见附录图 1-25 和图 1-26;当改变输入正弦波信号频率 A-OUT 为 1 kHz 正弦波时,FIR 滤波输出的波形和相位关系见附录图 1-27 和图 1-28。

在主菜单中选择"IIR 滤波器",当 A-OUT 为 3 kHz 正弦波时,A-OUT 与 IIR 滤波输出的波形和相位关系见附录图 1-29 和图 1-30,当输出信号 A-OUT 为 1 kHz正弦波时,输出波形和相位关系见附录图 1-31 和图 1-32。

【实验报告】

(1)分析电路的工作原理,叙述其工作过程。

(2)绘出所做实验的电路图、仪表连接测试图,并列出所测各点的波形、频率、电压等有关数据,对所测数据做简要分析说明。

1.3　脉冲编码调制与解调实验

【实验目的】

(1)掌握脉冲编码调制与解调的基本原理。

(2)定量分析并掌握模拟信号按照 A 律 13 折线特性编成八位码的方法。

(3)通过了解大规模集成电路芯片 W681512 的功能与使用方法,进一步掌握脉冲编码调制通信系统的工作流程。

【实验内容】

(1)观察脉冲编码调制与解调的整个变换过程,分析脉冲编码调制信号与基带模拟信号之间的关系,掌握其基本原理。

(2)定量分析不同振幅的基带模拟正弦信号按照 A 律 13 折线特性编成的八位码,并掌握该编码方法。

【实验器材】

(1)主控和信号源模块　　　　　　　　　　　1块

(2)信源编译码模块(3号模块)　　　　　　　1块

(3)PCM编译码及语音终端模块(21号模块)　　1块

(4)双踪示波器　　　　　　　　　　　　　　1台

(5)连接线　　　　　　　　　　　　　　　　若干

【实验原理】

1.脉冲编码调制工作原理

所谓脉冲编码调制(PCM),就是将模拟信号抽样、量化,然后使已量化值变换成代码。PCM系统原理框图如图1-3-1所示。

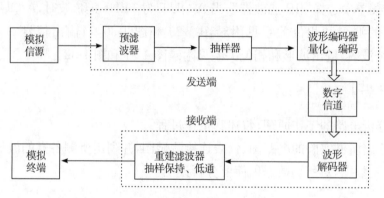

图1-3-1　PCM系统原理框图

抽样是把时间连续的模拟信号转换成时间离散、振幅连续的抽样信号的过程;量化是把时间离散、振幅连续的抽样信号转换成时间离散、振幅离散的数字信号的过程;编码是将量化后的信号编码形成一个二进制码组输出的过程。国际标准化的PCM码组是用八位码组代表一个抽样值,编码后的PCM码组经数字信道传输,在接收端用二进制码组重建模拟信号。解调过程中,一般采用抽样保持电路。同时,在对模拟信号抽样之前要进行预滤波,预滤波是为了把原始语音信号的频带限制在300～3400 Hz内,因此,预滤波会引入一定的频带失真。

在整个PCM通信系统中,重建信号的失真主要来源于量化以及信道传输误码。我们定义信号与量化噪声的功率比为信噪比(S/N),国际电信联盟电信标准分局(International Telecommunication Union Telecommunication Standardization Sector, ITU-T)详细规定了信噪比的指标。

下面将详细介绍PCM编码的整个过程,由于抽样原理已在前面实验中详细叙述过,故在此只介绍量化及编码的原理。

(1)量化。模拟信号的量化分为均匀量化和非均匀量化两种,我们先讨论均匀量化。把输入模拟信号的取值域按等距离分割的量化称为均匀量化。均匀量化中,每个量化区间的量化电平均取在各区间的中点,如图1-3-2所示。

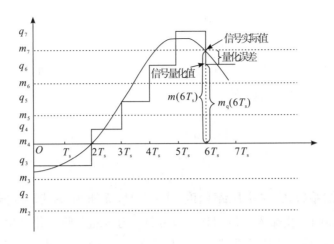

图 1-3-2　均匀量化过程示意图

其量化间隔(量化台阶)Δv 取决于输入信号的变化范围和量化电平数。一旦输入信号的变化范围和量化电平数被确定后,量化间隔也随之被确定。

例如,输入信号的最小值和最大值分用 a 和 b 表示,量化电平数为 M,那么,均匀量化的量化间隔为

$$\Delta v = \frac{b-a}{M} \tag{1-3-1}$$

量化器输出 m_q 为

$$m_q = q_i, m_{i-1} < m \leqslant m_i \tag{1-3-2}$$

m_i 为分层电平,也是第 i 个量化区间的终点,可写成

$$m_i = a + i\Delta v \tag{1-3-3}$$

q_i 为第 i 个量化区间的量化电平,可表示为

$$q_i = \frac{m_i + m_{i-1}}{2}, i = 1, 2, \cdots, M \tag{1-3-4}$$

均匀量化的主要缺点是无论抽样值大小如何,量化噪声的均方根值都固定不变,因此,当信号 $m(t)$ 较小时,则信号量化噪声功率比也很小,这样,信号较弱时的量化信噪比就难以达到给定的要求。通常把满足信噪比要求的输入信号取值范围定义为动态范围,那么,均匀量化时的信号动态范围将受到较大的限制,为解决这个问题,实际中往往采用非均匀量化的方法。

非均匀量化是根据信号的不同区间来确定量化间隔的。对于信号取值小的区间,其量化间隔 Δv 也小;反之,量化间隔就大。非均匀量化与均匀量化相比,有两个突出的优点:第一,当输入量化器的信号具有非均匀分布的概率密度时(实际中往往是这样),非均匀量化器的输出端可以得到较高的平均信号量化噪声功率比;第二,非均匀量化时,量化噪声功率的均方根值基本上与信号抽样值成比例,因此,量化噪声对大、小信号的影响大致相同,改善了小信号时的信噪比。

非均匀量化的实际过程通常是将抽样值压缩后再进行均匀量化。现在广泛采用两种对数压缩,美国采用 μ 压缩律(简称 μ 律),我国和欧洲各国均采用 A 压缩律。本实验模块也是采用 A 压缩律进行 PCM 编码。所谓 A 压缩律(简称 A律),就是具有如下特性的压缩律。

$$y = \begin{cases} \dfrac{Ax}{1+\ln A} & 0 < x \leqslant \dfrac{1}{A} \\ \dfrac{1+\ln Ax}{1+\ln A} & \dfrac{1}{A} \leqslant x < 1 \end{cases} \qquad (1\text{-}3\text{-}5)$$

式中,A 为压缩系数,它决定压缩程度,$A=1$ 时,无压缩,A 越大,压缩效果越明显;x 为压缩器归一化输入电压,且 $0 < x \leqslant 1$;y 为压缩器归一化输出电压。

A 律的压扩特性是连续曲线,A 值不同,压扩特性也不同,在电路上实现这样的函数规律是相当复杂的。实际中,往往采用近似于 A 律函数规律($A=87.6$)的13 折线的压扩特性,它可以基本保持连续压扩特性曲线的优点,又便于用数字电路实现。如 PCM 编码芯片 TP3067,正是采用这种压扩特性来进行编码的,如图 1-3-3 所示。

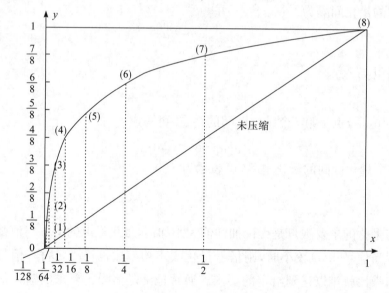

图 1-3-3 A 律 13 折线

表 1-3-1 列出了 A 律下归一化输入电压值 x 与采用 13 折线得到的近似 x 值的比较。

表 1-3-1 A 律与 13 折线法比较

y	0	$\dfrac{1}{8}$	$\dfrac{2}{8}$	$\dfrac{3}{8}$	$\dfrac{4}{8}$	$\dfrac{5}{8}$	$\dfrac{6}{8}$	$\dfrac{7}{8}$	1
x	0	$\dfrac{1}{128}$	$\dfrac{1}{60.6}$	$\dfrac{1}{30.6}$	$\dfrac{1}{15.4}$	$\dfrac{1}{7.79}$	$\dfrac{1}{3.93}$	$\dfrac{1}{1.98}$	1

续表

按折线分段的 x	0	$\frac{1}{128}$	$\frac{1}{64}$	$\frac{1}{32}$	$\frac{1}{16}$	$\frac{1}{8}$	$\frac{1}{4}$	$\frac{1}{2}$	1
段落	1	2	3	4	5	6	7	8	
斜率	16	16	8	4	2	1	$\frac{1}{2}$	$\frac{1}{4}$	

表 1-3-1 中第二行的 x 值是 $A=87.6$ 时根据式 (1-3-5) 计算得到的,第三行的 x 值是 13 折线分段时的值。可见,13 折线各段落的分界点与 $A=87.6$ 曲线十分逼近,同时,x 按 2 的幂次分割也更有利于数字化。

(2)编码。编码就是把量化后的信号变换成代码,其相反的过程称为译码。注意,这里谈论的编码和译码与差错控制的编码和译码是完全不同的,前者属于信源编码的范畴。

在现有的编码方法中,若按编码的速度来分,大致可分为低速编码和高速编码两类,实际通信一般采用高速编码。编码器大体上也可以归结为三类,分别为逐次比较型、折叠级联型和混合型。在逐次比较型编码器中,无论采用几位码,一般均按极性码、段落码、段内码的顺序排列。下面结合 13 折线的量化来加以说明。

在 13 折线法中,无论输入信号是正是负,均按 8 段折线(8 个段落)进行编码,即用 8 位折叠二进制码来表示输入信号的抽样量化值。其中,用第 1 位表示量化值的极性,其余 7 位(第 2 位至第 8 位)则表示抽样量化值的绝对大小。具体的做法是:用第 2 位至第 4 位表示段落码,它的 8 种可能状态分别代表 8 个段落的起点电平,其他 4 位表示段内码,它的 16 种可能状态分别代表每一段落的 16 个均匀划分的量化级,这样处理使 8 个段落被划分成 $2^7=128$ 个量化级。段落码和 8 个段落之间的关系如表 1-3-2 所示,段内码与 16 个量化级之间的关系如表 1-3-3 所示。上述编码是把压缩、量化和编码合为一体的方法。

表 1-3-2　段落码

段落序号	段落码
8	111
7	110
6	101
5	100
4	011
3	010
2	001
1	000

表 1-3-3　段内码

量化级	段内码
15	1111
14	1110
13	1101
12	1100
11	1011
10	1010
9	1001
8	1000
7	0111
6	0110
5	0101
4	0100
3	0011
2	0010
1	0001
0	0000

【实验框图】

图 1-3-4 中描述的是信号源经过 W681512 芯片进行 PCM 编码和译码处理。W681512 芯片的工作主时钟为 2048 kHz,根据芯片功能可选择不同编码时钟进行编译码。在测试 W681512 芯片的幅频特性实验中,以编码时钟取 64 kHz 为基础进行芯片的幅频特性测试实验。

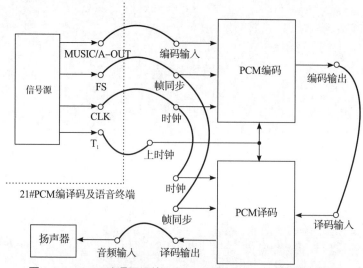

图 1-3-4　PCM 编译码模块 W681512 芯片的 PCM 编译码实验

　　图 1-3-5 中描述的是采用软件方式实现 PCM 编译码,并展示中间变换的过程。PCM 编码过程是将音乐信号或正弦波信号经过抗混叠滤波(其作用是滤除 3.4 kHz 以外的频率,防止 A/D 转换时出现混叠的现象),抗混叠滤波后的信号经 A/D 转换后进行 PCM 编码,由于 G.711 协议规定 A 律的奇数位取反,μ 律的所有位都取反,因此,PCM 编码后的数据需要经 G.711 协议的变换输出。PCM 译码过程是 PCM 编码的逆向过程,不再赘述。

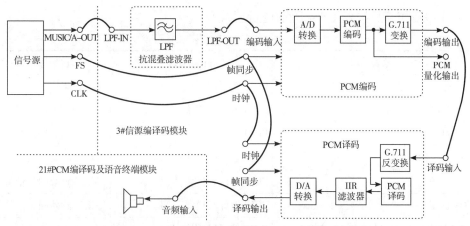

图 1-3-5　信号源编译码模块的 PCM 编译码实验

　　A/μ 律编码转换实验如图 1-3-6 所示,当菜单选择为 A 律转 μ 律实验时,使用信号源编译码模块(3 号模块)做 A 律编码,A 律编码经 A 律转 μ 律之后,再送至 PCM 编译码及语言终端模块(21 号模块)进行 μ 律译码。同理,当菜单选择为 μ 律转 A 律实验时,则使用信号源编译码模块 (3 号模块)做 μ 律编码,经 μ 律转 A 律后,再送至 PCM 编译码及语言终端模块(21 号模块)进行 A 律译码。

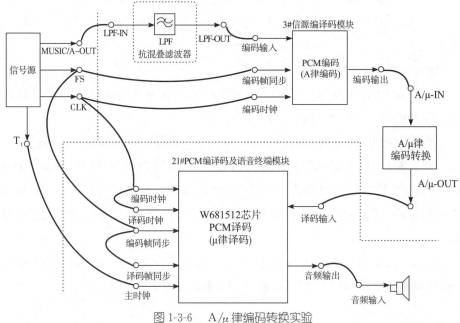

图 1-3-6　A/μ 律编码转换实验

【实验项目】

一、测试 W681512 芯片的幅频特性

该实验是通过改变输入信号频率,观测信号经 W681512 芯片编译码后的输出幅频特性,了解 W681512 芯片的相关性能。

(1)关闭电源,按表 1-3-4 所示进行连线。

表 1-3-4 实验连线表(一)

源端口	目的端口	连线说明
信号源:A-OUT	PCM 编译码模块:TH_5	提供音频信号
信号源:T_1	PCM 编译码模块:TH_1	提供芯片工作主时钟
信号源:CLK	PCM 编译码模块:TH_{11}	提供编码时钟信号
信号源:CLK	PCM 编译码模块:TH_{18}	提供译码时钟信号
信号源:FS	PCM 编译码模块:TH_9	提供编码帧同步信号
信号源:FS	PCM 编译码模块:TH_{10}	提供译码帧同步信号
PCM 编译码模块:TH_8(PCM 编码输出)	PCM 编译码模块:TH_7	接入译码输入信号

(2)打开电源,设置主控菜单,选择"主菜单"→"通信原理"→"PCM 编码"→"A 律编码观测实验"。调节 W_1 主控和信号源,使信号 A-OUT 输出峰-峰值为 3 V 左右。将 PCM 编译码模块(模块 21)的开关 S_1 拨至"A-LAW",即完成 A 律 PCM 编译码。

(3)此时实验系统初始状态:设置音频输入信号为峰-峰值 3 V、频率 1 kHz 的正弦波;PCM 编码及译码时钟 CLK 为 64 kHz 方波;编码及译码帧同步信号 FS 为 8 kHz。

(4)实验操作及波形观测。

①调节模拟信号源输出波形为正弦波,输出频率为 50 Hz,用示波器观测 A-OUT,设置 A-OUT 峰-峰值为 3 V。

②将信号源频率从 50 Hz 增加到 4000 Hz,用示波器接 PCM 编译码模块(模块 21)的音频输出,观测信号的幅频特性。当信号源输入频率为 50 Hz 时,A-OUT 和音频输出见附录图 2-1;当信号源输入频率为 1 kHz 时,A-OUT 和音频输出见附录图 2-2;当信号源输入频率为 4 kHz 时,A-OUT 和音频输出见附录图 2-3。

注:频率改变时可根据实验需求自行改变频率步进,如 50~250 Hz 之间以 10 Hz 的频率为步进,超过 250 Hz 后以 100 Hz 的频率为步进。

思考:W681512 芯片 PCM 编解码器输出的 PCM 数据的速率是多少? 在本次实验系统中,为什么要给 W681512 芯片提供 64 kHz 的时钟? 改为其他时钟频率的时候,观察的时序有什么变化? 认真分析 W681512 芯片主时钟与 8 kHz 帧收发同步时钟的相位关系。

二、PCM 编码规则验证

该实验是通过改变输入信号振幅或编码时钟,对比观测 A 律 PCM 编译码和 μ 律 PCM 编译码输入输出波形,从而了解 PCM 编码规则。

(1)关闭电源,按表 1-3-5 所示进行连线。

表 1-3-5　实验连线表(二)

源端口	目的端口	连线说明
信号源:A-OUT	信号源编译码模块:TH$_5$(LPF-IN)	信号送入前置滤波器
信号源编译码模块:TH$_6$(LPF-OUT)	信号源编译码模块:TH$_{13}$(编码-编码输入)	提供音频信号
信号源:CLK	信号源编译码模块:TH$_9$(编码-时钟)	提供编码时钟信号
信号源:FS	信号源编译码模块:TH$_{10}$(编码-帧同步)	提供编码帧同步信号
信号源编译码模块:TH$_{14}$(编码-编码输出)	信号源编译码模块:TH$_{19}$(译码-输入)	接入译码输入信号
信号源:CLK	信号源编译码模块:TH$_{15}$(译码-时钟)	提供译码时钟信号
信号源:FS	信号源编译码模块:TH$_{16}$(译码-帧同步)	提供译码帧同步信号

(2)打开电源,设置主控菜单,选择"主菜单"→"通信原理"→"PCM 编码"→"A 律编码观测实验"。调节 W$_1$ 主控和信号源,使信号 A-OUT 输出峰-峰值为 3 V 左右。

(3)此时实验系统初始状态:设置音频输入信号为峰-峰值 3 V、频率 1 kHz 的正弦波;PCM 编码及译码时钟 CLK 为 64 kHz;编码及译码帧同步信号 FS 为 8 kHz。

(4)实验操作及波形观测。

①以 FS 为触发,观测编码输入波形。示波器的 DIV(扫描时间)挡调节为 100 μs。将正弦波振幅最大处调节到示波器的正中间,记录波形。

注:记录波形后不要调节示波器,因为正弦波的位置需要和编码输出的位置对应。

②在保持示波器设置不变的情况下,以 FS 为触发观察 PCM 量化输出,记录波形。

③再以 FS 为触发,观察并记录 PCM 编码的 A 律编码输出波形,填入表1-3-6

中,整个过程中,保持示波器设置不变。

④通过主控中的模块设置,把信号源编译码模块(3 号模块)设置为"PCM 编译码"→"μ律编码观测实验",重复步骤①、②、③。记录 μ 律编码相关波形,填入表 1-3-6 中,波形对比见附录表 2-1。

表 1-3-6　实验测试表

	A 律波形	μ 律波形
帧同步信号		
编码输入信号		
PCM 量化输出信号		
PCM 编码输出信号		

⑤对比观测 A 律和 μ 律下的 PCM 编码输入信号和译码输出信号,波形见附录图 2-4 和图 2-5。

思考:(1)改变基带信号振幅时,波形是否变化? 改变时钟信号频率时,波形是否发生变化?

(2)分析当编码输入信号的频率大于 3400 Hz 或小于 300 Hz 时的脉冲编码调制和解调波形。

三、PCM 编码时序观测

该实验是从时序角度观测 PCM 编码输出波形。

(1)连线和主菜单设置同 PCM 编码规则验证实验。

(2)用示波器观测 FS 信号与编码输出信号,并记录二者对应的波形,见附录图 2-6。

思考:为什么实验时观察到的 PCM 编码信号码型总是变化的?

四、PCM 编码 A/μ 律转换实验

该实验是对比观测 A 律 PCM 编码和 μ 律 PCM 编码的波形,从而了解二者的区别与联系。

(1)关闭电源,按表 1-3-7 所示进行连线。

表 1-3-7　实验连线表(三)

源端口	目的端口	连线说明
信号源:A-OUT	信号源编译码模块:TH₅(LPF-IN)	信号送入前置滤波器
信号源编译码模块:TH₆(LPF-OUT)	信号源编译码模块:TH₁₃(编码-编码输入)	送入 PCM 编码

续表

源端口	目的端口	连线说明
信号源:CLK	信号源编译码模块:编码-时钟	提供编码时钟信号
信号源:FS	信号源编译码模块:编码-帧同步	提供编码帧同步信号
信号源编译码模块:编码输出	信号源编译码模块:A/μ-IN	接入编码输出信号
信号源编译码模块:A/μ-OUT	PCM 编译码模块:PCM 译码输入	将转换后的信号送入译码单元
信号源:CLK	PCM 编译码模块:译码时钟	提供译码时钟信号
信号源:FS	PCM 编译码模块:译码帧同步	提供译码帧同步信号
信号源:CLK	PCM 编译码模块:编码时钟	提供 W681512 芯片 PCM 编译码功能所需的其他工作时钟
信号源:FS	PCM 编译码模块:编码帧同步	
信号源:T$_1$	PCM 编译码模块:主时钟	

(2)打开电源,设置主控菜单,选择"主菜单"→"通信原理"→"PCM 编码"→"A/μ 律转换实验"。调节 W$_1$ 主控和信号源,使信号 A-OUT 输出峰-峰值为 3 V 左右,将 PCM 编译码模块(21 号模块)的开关 S$_1$ 拨至"μ-LAW",完成 μ 律译码。

(3)此时实验系统初始状态:设置音频输入信号为峰-峰值 3 V、频率为1 kHz 正弦波;PCM 编码及译码时钟 CLK 为 64 kHz;编码及译码帧同步信号 FS 为 8 kHz。

(4)用示波器对比观测编码输出信号与 A/μ 律转换之后的信号,波形见附录图 2-7,观察两者的区别,加以总结。再对比观测原始信号和恢复信号,波形见附录图 2-8。

(5)设置主控菜单,选择"μ/A 律转换实验",并将 PCM 编译码模块(21 号模块)对应设置成 A 律译码。然后按上述步骤观测实验波形情况,见附录图2-9和图 2-10。

【实验报告】

(1)分析电路的工作原理,叙述其工作过程。

(2)绘出所做实验的电路图、仪表连接测试图,列出所测各点的波形、频率、电压等有关数据,对所测数据做简要分析说明。

1.4 增量调制与解调实验

【实验目的】

(1)掌握增量调制与解调的基本工作原理。

(2)理解量化噪声及过载量化噪声的定义,掌握其测试方法。

(3)了解简单增量调制与连续可变斜率增量调制工作原理的不同之处及性能上的差别。

【实验内容】

(1)通过对模拟信号进行增量调制,掌握连续可变斜率增量调制编码的方法,理解其工作原理。

(2)观察对模拟基带信号进行增量调制与解调的过程。

【实验器材】

(1)主控和信号源模块	1块
(2)PCM 编译码及语言终端模块(21 号模块)	1块
(3)信源编译码模块(3 号模块)	1块
(4)双踪示波器	1台
(5)连接线	若干

【实验原理】

1. 增量调制的工作原理

增量调制(delta modulation)简称 ΔM,它是继 PCM 后出现的一种模拟信号数字化方法,在高速超大规模集成电路中用作 A/D 转换器。增量调制获得应用有以下几个原因:

(1)在比特率较低时,增量调制的量化信噪比高于 PCM。

(2)增量调制的抗误码性能好,能工作于误比特率为 $10^{-3} \sim 10^{-2}$ 的信道,而 PCM 则要求误比特率为 $10^{-6} \sim 10^{-4}$。

(3)增量调制的编译码器比 PCM 简单。在语音信号数字化中,PCM 是对样值的绝对值进行 8 bit 二进制编码,而 ΔM 仅用一位二进制码便可以表示相邻抽样值的相对大小,相邻抽样值的相对变化将能同样反馈模拟信号的变化规律,下面通过例子来说明。

设一个频带受限的模拟信号如图 1-4-1 中的 $m(t)$ 所示,此模拟信号用一个阶梯波形 $m'(t)$ 来逼近。图中,若用二进制码的"1"代表 $m'(t)$ 在给定时刻上升一个台阶 σ,用"0"表示 $m'(t)$ 下降一个台阶 σ,则 $m'(t)$ 就可以被一个二进制的序列所表征。

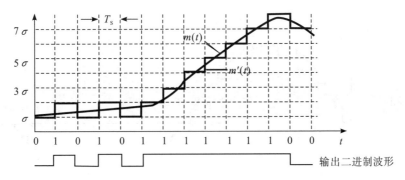

图 1-4-1 增量调制波形示意图

一个简单的 ΔM 系统组成如图 1-4-2 所示。它由相减器、判决器、本地译码器、积分器、抽样脉冲发生器及低通滤波器组成。本地译码器实际为抽样脉冲发生器和积分器的组合,它与接收端的译码器完全相同。

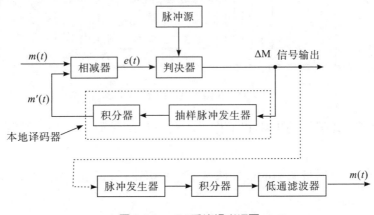

图 1-4-2 ΔM 系统组成框图

其工作过程如下:消息信号 $m(t)$ 与来自积分器的信号 $m'(t)$ 相减后得到量化误差信号 $e(t)$,如果在抽样时刻,$e(t)>0$,则判决器(比较器)输出为"1";反之,$e(t)<0$ 时,则判决器输出为"0"。判决器输出一方面作为编码信号经信道送往接收端,另一方面又送往编码器内部的脉冲发生器,"1"产生一个正脉冲,"0"产生一个负脉冲,积分后得到 $m'(t)$。由于 $m'(t)$ 与接收端译码器中积分输出信号是一致的,因此,$m'(t)$ 常称为本地译码信号。接收端译码器与发送端编码器中本地译码部分完全相同,只是积分器输出需再经过一个低通滤波器,以滤除高频分量,恢复 $m(t)$。假设 $m(t)$ 为单频正弦波信号,频率为 1000 Hz,加入到发送端编码器的输入端,如图1-4-3所示。根据上述编码规则,$t_0 \sim t_7$ 时刻,输入信号的正斜率增

大,并且是连续上升的,即 $e(t)>0$ 时,编码器连续输出"1"码;$t_7 \sim t_{11}$ 时刻,输入信号相对平稳,$e(t)$ 一会儿大于 0,一会儿又小于 0,则编码器输出码型交替输出"1"码和"0"码;$t_{19} \sim t_{37}$ 时刻,可根据编码规则,输出其相应的二进制数字信号。

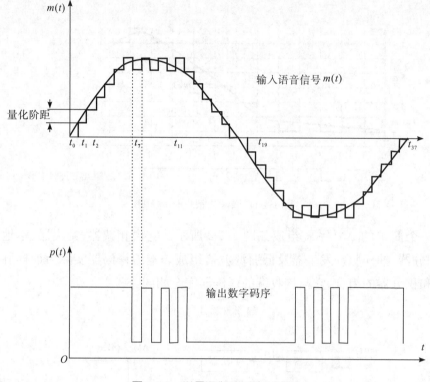

图 1-4-3　增量调制编码输出波形

在接收端,译码器的电路和工作过程与发送端编码器中的本地译码器完全相同。

理论上,简单增量调制的最大信号量化噪声比 $(S/N_q)_{max}$ 为

$$(S/N_q)_{max} = 20\lg\left[0.2\lg\left(0.2\frac{f_s^{\frac{3}{2}}}{f_a^{\frac{1}{2}} \cdot f_B}\right)\right] \tag{1-4-1}$$

式中,f_s 是抽样频率;f_a 是低通滤波器的截止频率;f_B 是信号频率。

当 $f_s = 32$ kHz,$f_a = 3.4$ kHz,$f_B = 1$ kHz 时

$$(S/N_q)_{max} = 20\lg\left[0.2\lg\left(0.2\frac{32^{\frac{3}{2}}}{3.4^{\frac{1}{2}} \cdot 1}\right)\right] = 25.8\,(dB)$$

从上述讨论可以看出,ΔM 信号是按量化阶距(量阶)σ 来量化的,因此,同样存在量化噪声问题。ΔM 系统中的量化噪声有两种形式:一种称为过载量化噪声,另一种称为一般量化噪声,如图 1-4-4 所示。过载量化噪声发生在模拟信号斜率陡变时,由于阶梯电压波形跟不上信号的变化,形成了很大失真的阶梯电压波

形,这样的失真称为过载现象,也称过载噪声;如果无过载噪声出现,则模拟信号与阶梯波形之间的误差就是一般量化噪声。

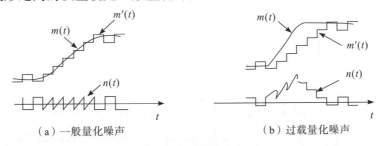

图 1-4-4　两种形式的量化噪声

在实际通信中,简单 ΔM 无法得到广泛应用,主要是因为量阶 σ 固定不变,即为均匀量化。对均匀量化而言,如果量阶 σ 取值较大,则信号斜率变化较小的信号量化噪声(又称颗粒噪声)就大;如果量阶 σ 取值较小,则信号斜率较大的信号量化噪声(又称过载噪声)就大,均匀量化无法使两种噪声同时减小,这就导致信号的动态范围变窄,但是,ΔM 为增量调制技术提供了理论基础。

2. 自适应增量调制工作原理

在语音通信中应用较为广泛的是音节压扩自适应增量调制,它是在数字码流中提取脉冲控制电压,经过音节平滑,按音节速率(语音音量的平均周期)去控制量化阶距 σ 的。在各种音节压扩自适应增量调制中,连续可变斜率增量调制(CVSD)系统用得较多。

(1)调制电路工作原理。图 1-4-5 所示为 CVSD 编码器和解码器方框图,它由三个部分组成。

①斜率过载检测电路:用来检测过载状态,它是由一个 3 bit 或 4 bit 移位寄存器构成的连码检测电路,也称为电平检测电路。

②斜率量值控制电路:用来转换量化阶距 σ 的大小。

③斜率极性控制电路:用来转化量化阶距的极性,当 $e(t) \geqslant 0$ 时,输出为正极性;当 $e(t) < 0$ 时,输出为负极性。

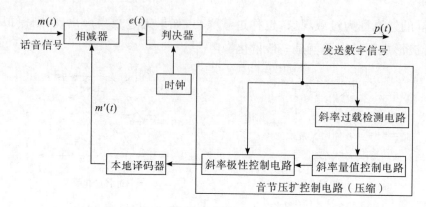

(a)发送端的编码器

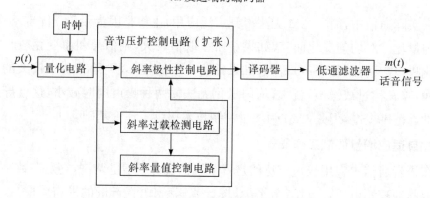

(b)接收端的解码器

图 1-4-5　CVSD 编码器和解码器方框图

整个编码的工作过程为：在输入端，本时刻话音样值信号 $m(t)$ 与前邻样值信号 $m'(t)$ 进行比较，对其比较的结果 $e(t)$ 值进行判决，若 $e(t) \geqslant 0$，则 $p(t)$ 输出"1"码；若 $e(t) < 0$，则 $p(t)$ 输出"0"码，这和简单增量调制器编码方式是相同的。当输入话音信号 $m(t)$ 中连续出现上升沿或连续出现下降沿，或者输入信号中正斜率增大或负斜率增大，在编码器的输出端 $p(t)$ 中将出现连续的"1"码或"0"码，此时，如果不增加自适应控制电路，$m'(t)$ 将无法跟踪模拟信号，同时出现过载现象，如图 1-4-6 所示。

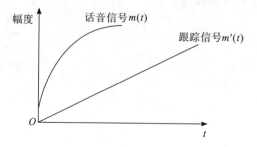

图 1-4-6　$m'(t)$ 无法跟踪 $m(t)$ 信号的变化而造成过载现象

若电路中增加自适应控制电路，则当 $p(t)$ 中出现连续"1"码或"0"码时，斜率过载检测电路立即工作。本实验采用 4 位连码检测,当 $p(t)$ 出现连续的 4 个"1"码或 4 个"0"码时,斜率过载检测器从 $p(t)$ 的返回信号,即输出码流中按四连"1"或四连"0"检测,其检测结果输入斜率量值控制电路。当 $p(t)$ 出现"1"码或"0"码增多时,通过调节编码量阶电位器,改变 R 对 C 的充放电时间,使得直流控制电压随之改变,电压电流转换器把音节平滑滤波器输出的控制电压转换为控制电流。这样,非线性网络使控制电流的变化规律能更好地跟随输入信号斜率的变化,提高自适应能力,扩大其动态范围。也就是说,CVSD 的量阶变化主要是由连码检测规则决定的,由于发送端的编码器是以反馈方式工作,即量阶 σ 是从输出码流中检测的,因此,随着输入信号正斜率增加,码流中连"1"码就增多;如果负斜率增加,则码流中连"0"码增多。对 CVSD 而言,只要把包络音节时间内连"1"码或连"0"码的次数逐一检测出来,经过音节平滑,形成控制电压,就能得到不同输入信号斜率量阶值,并使再生信号 $m'(t)$ 能始终跟踪话音信号 $m(t)$ 的变化,量阶值随输入信号 $m(t)$ 斜率变化而做自适应和调整,如图 1-4-7 所示。

简而言之,误差信号 $e(t)$ 经过三级或四级移位寄存器(D 触发器)构成的连码检测电路,检测过去的 4 位信码中是否出现连续的"1"或连续的"0",当移位寄存器各级输出为全"1"码或全"0"码时,表明积分运算放大器增益过小,检测逻辑电路从"一致脉冲"端输出连码检测结果,该结果经过非线性网络,通过对基本量阶及自适应 σ 量阶的大小调整,即调节电位器以得到合适的量阶控制电压,以此控制积分量阶的大小,从而改变环路增益,展宽动态范围。量阶控制电压先后经电压/电流变换,运算放大器及量阶极性控制开关(极性开关由信码控制),得到"一次积分"信号,再送到积分运算放大器电路,经二次积分得到"本地译码"信号,反馈回输入端,与输入基带信号再进行比较,从而完成整个编码过程。在没有基带信号输入时,话路处于空闲状态,则编码器应能输出稳定的"1""0"交替码。

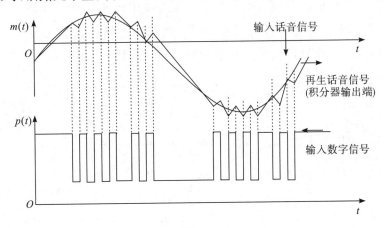

图 1-4-7　CVSD 编码器正常编码时的波形

（2）解调电路工作原理。由发送端送来的编码数字信号送入接收数据输入端。接收数据信码经过 4 位移位寄存器检测连码后,其后的工作过程与编码相同,只是二次积分后的译码信号不反馈,而是经放大、滤波等处理后输出,同时电位器可对译码振幅进行调节。

【实验框图】

1. ΔM 编译码

ΔM 编译码框图如图 1-4-8 所示。编码输入信号与本地译码信号进行比较,如果大于本地译码信号,则输出正的量阶信号,如果小于本地译码信号,则输出负的量阶信号。量阶会对本地译码的信号进行调整,即进行编码部分"＋"运算,编码输出将正量阶变为"1",负量阶变为"0"。ΔM 译码的过程实际上就是编码的本地译码的过程。

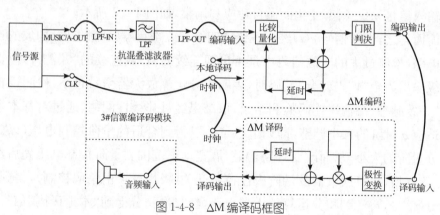

图 1-4-8 ΔM 编译码框图

2. CVSD 编译码

CVSD 编译码框图如图 1-4-9 所示。与 ΔM 相比,CVSD 多了量阶调整的过程,而量阶是根据一致脉冲进行调整的。一致脉冲是指比较结果,若连续三个结果相同便给出的一个脉冲信号。其他的编译码过程均与 ΔM 一样。

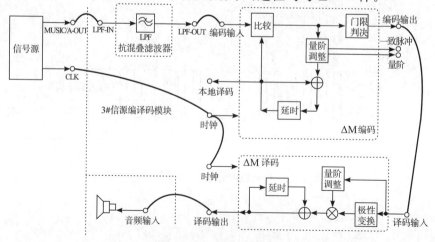

图 1-4-9 CVSD 编译码框图

【实验项目】

一、ΔM 编码规则实验

该实验是通过改变输入信号振幅,观测 ΔM 编译码输出波形,从而了解和验证 ΔM 编码规则。

(1)关闭电源,按表 1-4-1 所示进行连线。

表 1-4-1　实验连线表(一)

源端口	目标端口	连线说明
信号源:CLK	信源编译码模块:TH_9(编码-时钟)	提供编码时钟
信号源:CLK	信源编译码模块:TH_{15}(译码-时钟)	提供译码时钟
信号源:A-OUT	信源编译码模块:TH_5(LPF-IN)	送入低通滤波器
信源编译码模块:TH_6(LPF-OUT)	信源编译码模块:TH_{13}(编码-编码输入)	提供编码信号
信源编译码模块:TH_{14}(编码-编码输出)	信源编译码模块:TH_{19}(译码-译码输入)	提供译码信号

(2)打开电源,设置主控菜单,选择"主菜单"→"通信原理"→"ΔM 及 CVSD 编译码"→"ΔM 编码规则验证",调节信号源 W_1 使 A-OUT 的峰-峰值为 1 V。

(3)此时系统初始状态:模拟信号源为正弦波,振幅为 1 V,频率为 400 Hz,编码和译码时钟为 32 kHz 方波。

(4)实验操作及波形观测。对比观测信源编译码模块(模块 3)的 TP_4(信源延时)和 TH_{14}(编码输出),然后对比 TP_4(信源延时)和 TP_3(本地译码)波形,波形见附录图 3-1 和图 3-2。

二、量化噪声观测

该实验是通过比较观测输入信号和 ΔM 编译码输出信号波形,记录量化噪声波形,从而了解 ΔM 编译码性能。

(1)实验连线同 ΔM 编码规则实验。

(2)打开电源,设置主控菜单,选择"主菜单"→"ΔM 及 CVSD 编译码"→"ΔM 量化噪声观测(400 Hz)"→"设置量阶 1000"。调节信号源 W_1,使 A-OUT 的峰-峰值为 1 V。

(3)此时系统初始状态:模拟信号源为正弦波,振幅为 1 V,频率为 400 Hz,编码和译码时钟为 32 kHz 方波。

(4)实验操作及波形观测。示波器的 CH_1 测试"信源延时",CH_2 测试"本地译码",利用示波器的"减法"功能,所观测到的波形即为量化噪声,记录量化噪声的波形,波形见附录图 3-3。

三、不同量阶下 ΔM 编译码的性能

该实验是通过改变不同的 ΔM 编码量阶,对比观测输入信号和 ΔM 编译码输出信号的波形,记录量化噪声,从而了解和分析不同量阶情况下 ΔM 编译码性能。

(1)实验连线和菜单设置同 ΔM 编码规则实验。

(2)调节信号源 W_1,使 A-OUT 的峰-峰值为 3 V。

(3)此时系统初始状态:模拟信号源为正弦波,振幅为 3 V,频率为 400 Hz,编码和译码时钟为 32 kHz 方波。

(4)实验操作及波形观测。示波器的 CH_1 测试"信源延时",CH_2 测试"本地译码",利用示波器的"减法"功能,所观测到的波形即为量化噪声,记录量化噪声的波形。

①选择"设置量阶 3000",调节正弦波的峰-峰值为 1 V,测量并记录量化噪声的波形,波形见附录图 3-4。

②保持"设置量阶 3000",调节正弦波的峰-峰值为 3 V,测量并记录量化噪声的波形,波形见附录图 3-5。

③选择"设置量阶 6000",调节正弦波的峰-峰值为 1 V,测量并记录量化噪声的波形,波形见附录图 3-6。

④保持"设置量阶 6000",调节正弦波的峰-峰值为 3 V,测量并记录量化噪声的波形,波形见附录图 3-7。

思考:比较分析不同量阶,不同振幅情况下,量化噪声有什么不同。

四、ΔM 编译码语音传输系统

该实验是通过改变不同的 ΔM 编码量阶,直观感受音乐信号的输出效果,从而体会 ΔM 编译码语音传输系统的性能。

(1)关闭电源,按表 1-4-2 所示进行连线。

表 1-4-2 实验连线表(二)

源端口	目标端口	连线说明
信号源:CLK	信源编译码模块:TH_9(编码-时钟)	提供编码时钟
信号源:CLK	信源编译码模块:TH_{15}(译码-时钟)	提供译码时钟
信号源:MUSIC	信源编译码模块:TH_5(LPF-IN)	送入低通滤波器
信源编译码模块:TH_6(LPF-OUT)	信源编译码模块:TH_{13}(编码-编码输入)	提供编码信号
信源编译码模块:TH_{14}(编码-编码输出)	信源编译码模块:TH_{19}(译码-译码输入)	提供译码信号
信源编译码模块:TH_{20}(译码-译码输出)	PCM 编译码及语言终端模块:TH_{12}(音频输入)	送入扬声器

（2）打开电源，设置主控菜单，选择"主菜单"→"通信原理"→"ΔM 及 CVSD 编译码"→"ΔM 语音信号传输"→"设置量阶 1000"。

（3）此时系统初始状态：编码输入信号为音乐信号。

（4）实验操作及波形观测。调节 PCM 编译码及语言终端模块（21 号模块）"音量"旋钮，使音乐输出效果最好，分别"设置量阶 3000""设置量阶 6000"，比较 3 种量阶情况下声音的效果。

五、CVSD 量阶观测

该实验是通过改变输入信号的振幅，观测 CVSD 编码输出信号的量阶变化情况，了解 CVSD 量阶变化规则。

（1）连线同 ΔM 编码规则实验。

（2）打开电源，设置主控菜单，选择"主菜单"→"通信原理"→"ΔM 及 CVSD 编译码"→"CVSD 量阶观测"。调节信号源 W_1，使 A-OUT 的峰-峰值为 1 V。

（3）此时系统初始状态：模拟信号源为正弦波，振幅分别为 1 V、3 V，频率为 400 Hz，编码时钟频率为 32 kHz。

（4）实验操作及波形观测。以"编码输入"为触发，观测"量阶"，调节"A-OUT"的振幅，观测量阶的变化，波形见附录图 3-8 和图 3-9。

六、CVSD 一致脉冲观测

该实验是观测 CVSD 编码的一致性脉冲输出，了解 CVSD 一致性脉冲的形成机制。

（1）连线参照 ΔM 编码规则实验。

（2）打开电源，设置主控菜单，选择"主菜单"→"通信原理"→"ΔM 及 CVSD 编译码"→"CVSD 一致脉冲观测"，调节信号源 W_1，使 A-OUT 的峰-峰值为 1 V。

（3）此时系统初始状态：模拟信号源为正弦波，振幅为 1 V，频率为 2 kHz，编码时钟频率为 32 kHz。

（4）实验操作及波形观测。以编码输出为触发，观测"一致脉冲"，波形见附录图 3-10。

思考：在什么情况下会输出一致脉冲信号？

七、CVSD 量化噪声观测

该实验是通过分别改变输入信号振幅和频率，观测并记录不同输入信号之间的量化噪声，从而了解 CVSD 编译码的性能。

（1）连线参照 ΔM 编码规则实验。

（2）打开电源，设置主控菜单，选择"主菜单"→"通信原理"→"ΔM 及 CVSD 编译码"→"CVSD 量化噪声观测（400 Hz）"，调节信号源 W_1，使 A-OUT 的峰-峰值为 1 V。

（3）此时系统初始状态：模拟信号源为正弦波，振幅为 1 V，频率为 400 Hz，编码时钟频率为 32 kHz。

（4）实验操作及波形观测。

①调节正弦波峰-峰值为 1 V，测量并记录量化噪声的波形，波形见附录图 3-11。

②调节正弦波峰-峰值为 3 V，测量并记录量化噪声的波形，波形见附录图 3-12。

③在主控和信号源模块中设置"CVSD 量化噪声观测（2 kHz）"，测量并记录量化噪声的波形，波形见附录图 3-13。

④调节正弦波峰-峰值为 1 V，测量并记录量化噪声的波形，波形见附录图 3-14。

⑤调节正弦波峰-峰值为 3 V，测量并记录量化噪声的波形。

⑥对比 ΔM 在输入信号为 400 Hz 及 2 kHz 时的量化噪声并进行分析。

八、CVSD 码语音传输系统

该实验是通过调节输入音乐的音量大小，直观感受音乐信号经 CVSD 编译码后的输出效果，从而体会 CVSD 编译码语音传输系统的性能。

（1）连线参照 ΔM 编译码语音传输系统实验。

（2）打开电源，设置主控菜单，选择"主菜单"→"通信原理"→"ΔM 及 CVSD 编译码"→"CVSD 语音传输"。

（3）此时系统初始状态：模拟信号源为音乐，编码时钟频率为 32 kHz。

（4）实验操作及波形观测。

①调节 PCM 编译码及语言终端模块（21 号模块）的"音量"，使音乐的传输效果最好。

②对比 ΔM 语音传输的效果并进行分析。

【实验报告】

（1）思考并分析 ΔM 与 CVSD 编译码的区别。

（2）根据实验测试记录，画出各测量点的波形图，并分析实验现象。

1.5　码型变换实验

【实验目的】

(1)了解几种常见的数字基带信号。

(2)掌握 AMI 码编译码规则。

(3)掌握 HDB₃ 码编译码规则。

【实验内容】

(1)观察 AMI 码的波形。

(2)提取并观测 AMI 码对连"0"信号的编码、直流分量以及时钟信号。

(3)观察 HDB₃ 码波形。

(4)提取并观测 HDB₃ 码对连"0"信号的编码、直流分量以及时钟信号。

【实验器材】

(1)主控和信号源模块	1 块
(2)数字终端和时分多址模块(2 号模块)	1 块
(3)基带传输编译码模块(8 号模块)	1 块
(4)载波同步及位同步模块(13 号模块)	1 块
(5)双踪示波器	1 台
(6)连接线	若干

【实验原理】

最简单的二元码中基带信号的波形为矩形,振幅取值只有两种电平。常用的二元码有以下几种。

(1)NRZ 码。NRZ 码的全称是单极性不归零(non-return to zero,NRZ)编码,在这种二元码中,用高电平和低电平(这里为零电平)分别表示二进制信息"1"和"0",在整个码元期间电平保持不变。例如:

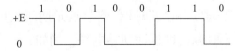

(2)RZ 码。RZ 码的全称是单极性归零(return to zero,RZ)码,又称归零码。与 NRZ 码不同的是,RZ 码发送"1"时在整个码元期间高电平只持续一段时间,在码元的其余时间内则返回到零电平。换句话说,即信号脉冲宽度小于码元宽度。

通常均使脉冲宽度等于码元宽度的一半。例如：

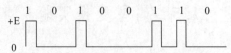

（3）BNRZ 码。BNRZ 码的全称是双极性不归零（bi-phase NRZ，BNRZ）码，在这种二元码中，用正电平和负电平分别表示"1"和"0"。与单极性不归零码相同，整个码元期间电平保持不变，因此，在这种码型中不存在零电平。例如：

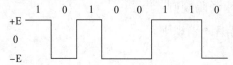

（4）BPH 码。BPH 码的全称是数字双相（digital bi-phase）码，又叫分相码（split-phase code）或曼彻斯特码（Manchester code），它是对每个二进制代码分别用两个具有不同相位的二进制新码去取代的码，或者可以理解为用一个周期的方波表示"1"码，用该方波的反相来表示"0"码，其编码规则如下：信息码中的"0"用"01"表示，"1"用"10"表示。例如：

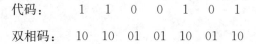

代码：　　1　1　0　0　1　0　1

双相码：　10　10　01　01　10　01　10

BPH 码可以通过单极性不归零码与位同步信号的模二和运算产生。双相码的特点是只使用两个电平，而不像前面两种码需要三个电平。这种码既能提取足够的定时分量，又无直流漂移，编码过程简单，但其带宽更宽。

（5）CMI 码。CMI 码的全称是传号反转（coded mark inversion，CMI）码，与数字双相码类似，也是一种二电平不归零码。其编码规则如下：信息码中的"1"码交替用"11"和"00"表示，"0"码用"01"表示。例如：

代码：　　1　1　0　1　0　0　1　0

CMI 码：　11　00　01　11　01　01　00　01

这种码型有较多的电平跃变，因此，含有丰富的定时信息。该码已被 ITU-T 推荐为 PCM 四次群的接口码型。在光纤传输系统中，有时也用 CMI 码作线路传输码型。

（6）BRZ 码。BRZ 码的全称是双极性归零（bipolar return to zero，BRZ）码，与 BNRZ 码不同的是，在发送"1"和"0"时，在整个码元期间正电平或负电平只持续一段时间，在码元的其余时间内则返回到零电平。例如：

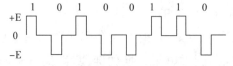

（7）AMI 码。AMI 码的全称是传号交替反转（alternate mark inversion，AMI）码，其编码规则如下：信息码中的"0"仍变换为传输码的"0"；信息码中的"1"交替变换为传输码的"$+1,-1,+1,-1,\cdots$"。例如：

代码：	100	1	1000	1	1	1	$\cdots$
AMI 码：	$+100$	-1	$+1000$	-1	$+1$	-1	$\cdots$

AMI 码的主要特点是无直流成分，接收端收到的码元极性与发送端完全相反也能正确判断。译码时，只需把 AMI 码全波整流就可以变为单极性码。由于其具有上述优点，AMI 码得到了广泛应用。但该码有一个较大的缺点，即当用它来获取定时信息时，它可能出现长的连"0"串，会造成提取定时信号困难。

（8）HDB$_3$ 码。HDB$_3$ 码的全称是三阶高密度双极性（high density bipolar of order 3）码，其编码规则如下：将 4 个连"0"信息码用取代节"000V"或"B00V"代替，当两个相邻"V"码中间有奇数个信息"1"码时，取代节为"000V"；有偶数个信息"1"码（包括 0 个）时，取代节为"B00V"，其他的信息"0"码仍为"0"码，这样，信息码的"1"码变为带有符号的"1"码，即"$+1$"或"-1"。例如：

代码：	1000	0	1000	1	1	000	0	1	1
HDB$_3$ 码：	-1000	$-V$	$+1000$	$+V$	-1	$+1$	$-B00$	$-V$	$+1$	-1

HDB$_3$ 码中"1""B"的符号符合交替反转原则，而"V"的符号破坏这种符号交替反转原则，但相邻"V"码的符号又是交替反转的。HDB$_3$ 码的特点明显，它除了具有 AMI 码的优点外，还能使连"0"串减少到至多 3 个（而不管信息源的统计特性如何），这对于定时信号的恢复是十分有利的。HDB$_3$ 码是 ITU-T 推荐使用码之一。

【实验框图】

1. AMI 编译码

AMI 编译码实验原理框图如图 1-5-1 所示。AMI 编码规则是遇到"0"输出"0"，遇到"1"则交替输出"$+1$"和"-1"。实验原理框图中的编码过程是将信号源经程序处理后，得到 AMI-A$_1$ 和 AMI-B$_1$ 两路信号，再通过电平转换电路进行变换，从而得到 AMI 编码波形。AMI 译码只需将所有的"±1"变为"1"，"0"变为"0"即可。实验原理框图中的译码过程是将 AMI 码信号送入电平逆变换电路，再通过译码处理，得到原始码元。

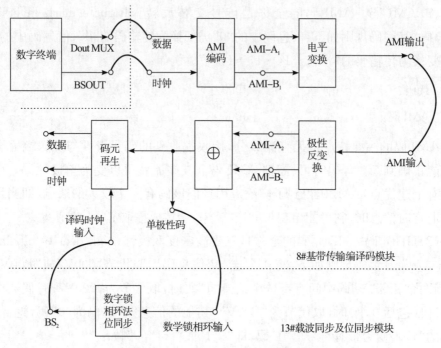

图 1-5-1　AMI 编译码实验原理框图

2. HDB₃ 编译码

HDB₃ 编译码实验原理框图如图 1-5-2 所示。AMI 编码规则是遇到"0"输出"0",遇到"1"则交替输出"+1"和"−1",而 HDB₃ 码由于需要插入极性破坏位,因此,在编码时需要缓存 3 bit 的数据。当没有 4 个连"0"时,与 AMI 编码规则相同;当有 4 个连"0"时,最后一个"0"变为传号"V",且其极性与前一个"V"的极性相反。若该传号与前一个"1"的极性不同,则还需要将这 4 个连"0"的第一个"0"变为"B",该"B"的极性与后邻"V"的极性相同。实验原理框图中的编码过程是将信号源经程序处理后,得到 HDB₃-A₁ 和 HDB₃-B₁ 两路信号,再通过电平转换电路进行变换,从而得到 HDB₃ 编码波形。

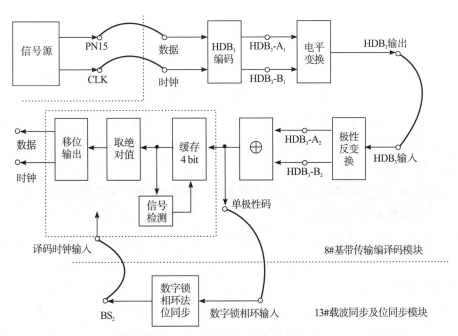

图 1-5-2　HDB₃ 编译码实验原理框图

AMI 译码是将所有的"±1"变为"1","0"变为"0",而 HDB₃ 译码只需找到传号"V",将传号和传号前 3 个数清零即可。传号"V"的识别方法是:若该符号的极性与前邻"1"的极性相同,则该符号即为破坏极性交替规则的传号。实验原理框图中的译码过程是将 HDB₃ 码信号送入电平逆变换电路,再通过译码处理,进而得到原始码元。

【实验项目】

一、AMI 编译码(归零码实验)

本实验通过选择不同的数字信源,分别观测编码输入及时钟、译码输出及时钟,观察编译码的延时并验证 AMI 编译码规则。

(1)关闭电源,按表 1-5-1 所示进行连线。

表 1-5-1　实验连线表(一)

源端口	目的端口	连线说明
信号源:PN	基带传输编译码模块:TH₃(编码输入数据)	基带信号输入
信号源:CLK	基带传输编译码模块:TH₄(编码输入时钟)	提供编码位时钟
基带传输编译码模块:TH₁₁(AMI 编码输出)	基带传输编译码模块:TH₂(AMI 译码输入)	将数据送入译码模块
基带传输编译码模块:TH₅(单极性码)	载波同步及位同步模块:TH₇(数字锁相环输入)	数字锁相环位同步提取

源端口	目的端口	连线说明
载波同步及位同步模块：TH_5（BS_2）	基带传输编译码模块：TH_9（译码时钟输入）	提供译码位时钟

（2）打开电源，设置主控菜单，选择"主菜单"→"通信原理"→"AMI 编译码"→"归零码实验"。将载波同步及位同步模块（模块 13）的开关 S_3 分频设置拨为"0011"，即提取 512 kHz 同步时钟。

（3）此时系统初始状态：编码输入信号为 256 kHz 的 PN 序列。

（4）实验操作及波形观测。

①用示波器分别观测编码输入的数据 TH_3 和编码输出的数据 TH_{11}（AMI 输出），观察记录波形，波形图见附录图 4-1。观察时，注意码元的对应位置，此时，波形中的编码输入信号为 PN15。另外，可以自行设置输入信号为 PN127 进行实验。附录图 4-1 中纵向标尺表示编码输入信号与编码输出信号之间的码元对应位置关系，编码输出信号此时为归零码输出。由于系统对输入码元进行编码时的起始位置有可能不同，因此，实验过程中可能会观测到如附录图 4-2 所示的编码输出情况，实线标尺处的"1"电平，对应编码输出为"10"，是正电平。有数字示波器的可以观测编码输出信号频谱，见附录图 4-3，验证 AMI 编码规则。

注：观察时注意码元的对应位置。

②保持示波器测量编码输入数据 TH_3 的通道不变，另一通道测量中间测试点 TP_5（$AMI-A_1$），观察基带码元奇数位的变换波形，见附录图 4-4，其频谱见附录图 4-5。

③保持示波器测量编码输入数据 TH_3 的通道不变，另一通道测量中间测试点 TP_6（$AMI-B_1$），观察基带码元偶数位的变换波形，波形见附录图 4-6。

④用示波器分别观测基带传输编译模块（模块 8）的 TP_5（$AMI-A_1$）和 TP_6（$AMI-B_1$），可从频域角度观察信号所含 256 kHz 频谱分量情况，或用示波器减法功能观察 $AMI-A_1$ 与 $AMI-B_1$ 相减后的波形情况，并与 AMI 编码输出波形相比较，波形见附录图 4-7。

⑤用示波器对比观测编码输入的数据和译码输出的数据，观察并记录 AMI 译码波形与输入信号波形，波形见附录图 4-8。

思考：译码后的信号波形与输入信号波形相比延时多少？

⑥用示波器分别观测 $TP-9$（$AMI-A_2$）和 TP_{11}（$AMI-B_2$），从时域或频域角度了解 AMI 码经电平变换后的波形情况，波形见附录图 4-9 和图 4-10。

⑦用示波器分别观测基带传输编译模块（模块 8）的 TH_2（AMI 输入）和 TH_5（单极性码），从频域角度观测双极性码和单极性码的 256 kHz 频谱分量情况，见

附录图 4-11 至图 4-13。

⑧用示波器分别观测编码输入的时钟和译码输出的时钟,观察并比较恢复的位时钟信号波形与原始的位时钟信号的波形,波形见附录图 4-14。

思考:此处输入信号采用的单极性码,可较好地恢复出位时钟信号,如果输入信号采用的是双极性码,是否能观察到恢复的位时钟信号? 为什么?

二、AMI 编译码(非归零码实验)

本实验通过观测 AMI 非归零码编译码相关测试点,了解 AMI 编译码规则。

(1)保持归零码实验的连线不变。

(2)打开电源,设置主控菜单,选择"主菜单"→"通信原理"→"AMI 编译码"→"非归零码实验"。将载波同步及位同步模块(模块 13)的开关 S_3 分频设置拨为"0100",即提取 256 kHz 同步时钟。

(3)此时系统初始状态:编码输入信号为 256 kHz 的 PN 序列。

(4)实验操作及波形观测。参照 256 kHz 归零码实验的步骤,进行相关测试,波形见附录图 4-15。

三、AMI 码对连"0"信号的编码、直流分量以及时钟信号的提取与观测

本实验通过设置和改变输入信号的码型,观测 AMI 归零码编码输出信号中对长连"0"码信号的编码、含有的直流分量变化以及时钟信号提取情况,进一步了解 AMI 码的特性。

(1)关闭电源,按表 1-5-2 所示进行连线。

表 1-5-2　实验连线表(二)

源端口	目的端口	连线说明
数字终端 & 时分多址模块:DoutMUX	基带传输编译码模块:TH_3(编码输入数据)	基带信号输入
数字终端 & 时分多址模块:BSOUT	基带传输编译码模块:TH_4(编码输入时钟)	提供编码位时钟
基带传输编译码模块:TH_{11}(AMI 编码输出)	基带传输编译码模块:TH_2(AMI 译码输入)	将数据送入译码模块
基带传输编译码模块:TH_5(单极性码)	载波同步及同步模块:TH_7(数字锁相环输入)	数字锁相环位同步提取
载波同步及位同步模块:TH_5(BS2)	基带传输编译码模块:TH_9(译码时钟输入)	提供译码位时钟

(2)打开电源,设置主控菜单,选择"主菜单"→"通信原理"→"AMI 编译码"→"归零码实验"。将载波同步及位同步模块(模块 13)的开关 S_3 分频设置拨为

"0011",提取 512 kHz 同步时钟。将模块 2 的开关 S_1、S_2、S_3、S_4 全部置为 "11110000",使 DoutMUX 输出码型中含有连 4 个 "0" 的码型状态(或自行设置其他码值)。

(3)此时系统初始状态:编码输入信号为 256 kHz 的 32 位拨码信号。

(4)实验操作及波形观测。

①观察含有长连 "0" 信号的 AMI 编码波形。用示波器观测基带传输编译码模块(模块 8)的 TH_3(编码输入数据)和 TH_{11}(AMI 编码输出),观察信号中出现长连 "0" 时的波形变化情况,波形见附录图 4-16。

注:观察时注意码元的对应位置。

②观察 AMI 编码信号中是否含有直流分量。将数字终端和时分多址模块(模块 2)的开关 S_1、S_2、S_3、S_4 拨为 "00000000" "00000000" "00000000" "00000011",用示波器分别观测编码输入数据和编码输出数据、编码输入时钟和译码输出时钟,调节示波器,将信号耦合状况置为交流,观察并记录波形,波形见附录图 4-17。保持连线,将拨码开关由 "0" 到 "1" 逐位拨起,直到数字终端和时分多址模块(模块 2)的拨动开关置为 "00111111" "11111111" "11111111" "11111111",观察拨码过程中编码输入数据和编码输出数据波形的变化情况,波形见附录图 4-18。对比所测波形可以看出,输入信号由于含有直流成分,在示波器选择交流耦合方式时,随着拨码开关的设置,输入信号在示波器上显示波形会出现上下偏移。而 AMI 编码输出信号始终没有偏移,说明 AMI 编码输出信号中不含直流分量。

③观察 AMI 编码信号所含时钟的频谱分量。将数字终端和时分多址模块(模块 2)的开关 S_1、S_2、S_3、S_4 全部置 "0",用示波器先分别观测编码输入数据和编码输出数据,再分别观测编码输入时钟和译码输出时钟,观察并记录波形。再将模块 2 的开关 S_1、S_2、S_3、S_4 全部置 "1",观察并记录波形,波形见附录图 4-19 至图 4-22。观察结果表明,当出现长连 "0" 情况时,AMI 编码会出现提取时钟困难。

思考:数据和时钟是否能恢复?

注:如有数字示波器,可以观测编码输出信号 FFT 频谱。

四、HDB_3 编译码(256 kHz 归零码实验)

本实验通过选择不同的数字信源,分别观测编码输入数据及时钟、译码输出数据及时钟,观察编译码延时,验证 HDB_3 编译码规则。

(1)关闭电源,按表 1-5-3 所示进行连线。

表 1-5-3　实验连线表（三）

源端口	目的端口	连线说明
信号源：PN	基带传输编译码模块：TH$_3$（编码输入数据）	基带信号输入
信号源：CLK	基带传输编译码模块：TH$_4$（编码输入时钟）	提供编码位时钟
基带传输编译码模块：TH$_1$（HDB$_3$ 输出）	基带传输编译码模块：TH$_7$（HDB$_3$ 输入）	将数据送入译码模块
基带传输编译码模块：TH$_5$（单极性码）	载波同步及位同步模块：TH$_7$（数字锁相环输入）	数字锁相环位同步提取
载波同步及位同步模块：TH$_5$（BS$_2$）	基带传输编译码模块：TH$_9$（译码时钟输入）	提供译码位时钟

（2）打开电源，设置主控菜单，选择"主菜单"→"通信原理"→"HDB$_3$ 编译码"→"归零码实验"。将载波同步及位同步模块（模块 13）的开关 S$_3$ 分频设置拨为"0011"，即提取 512 kHz 同步时钟。

（3）此时系统初始状态：编码输入信号为 256 kHz 的 PN 序列。

（4）实验操作及波形观测。

①用示波器分别观测编码输入数据 TH$_3$ 和编码输出数据 TH$_1$（HDB$_3$ 输出），观察并记录波形，波形见附录图 4-23。此时，波形中的编码输入信号为 PN15，图中纵向标尺表示编码输入信号与编码输出信号之间的码元对应关系，编码输出信号此时为归零码输出，由于系统对输入码元进行编码时的起始位置有可能不同，实验过程中有可能观察到如附录图 4-24 所示的编码输出情况，实线标尺处为"1"电平，对应的编码输出的"10"是正电平。有数字示波器的可以观测编码输出信号频谱，见附录图 4-25，验证 HDB$_3$ 编码规则。

注：观察时注意码元的对应位置。

②保持示波器测量编码输入数据 TH$_3$ 的通道不变，另一通道测量中间测试点 TP$_2$（HDB$_3$-A$_1$），观察基带码元奇数位的变换波形，波形见附录图 4-26。

③保持示波器测量编码输入数据 TH$_3$ 的通道不变，另一通道测量中间测试点 TP$_3$（HDB$_3$-B$_1$），观察基带码元偶数位的变换波形，波形见附录图 4-27。

④用示波器分别观测基带传输编译码模块（模块 8）的 TP$_2$（HDB$_3$-A$_1$）和 TP$_3$（HDB$_3$-B$_1$），可从频域角度观察信号所含 256 kHz 频谱分量情况，或用示波器减法功能观察 HDB$_3$-A$_1$ 与 HDB$_3$-B$_1$ 相减后的波形情况，并与 HDB$_3$ 编码输出波形相比较，波形见附录图 4-28。

⑤用示波器对比观测编码输入数据和译码输出数据，观察并记录 HDB$_3$ 译码波形与输入信号波形，波形见附录图 4-29。

思考：译码过后的信号波形与输入信号波形相比延时多少？

⑥用示波器分别观测 TP$_4$（HDB$_3$-A$_2$）和 TP$_8$（HDB$_3$-B$_2$），从时域或频域角度了解 HDB$_3$ 码经电平变换后的波形情况，波形见附录图 4-30。

⑦用示波器分别观测基带传输编译码模块（模块 8）的 TH$_7$（HDB$_3$ 输入）和 TH$_5$（单极性），从频域角度观测双极性码和单极性码的 256 kHz 频谱分量情况，见附录图 4-31 和图 4-32。

⑧用示波器分别观测编码输入的时钟和译码输出的时钟，观察并比较恢复的位时钟信号波形与原始的位时钟信号波形，波形见附录图 4-33。

思考：此处输入信号采用的是单极性码，可较好地恢复出位时钟信号，如果输入信号采用的是双极性码，是否能观察到恢复的位时钟信号？为什么？

五、HDB$_3$ 编译码（256 kHz 非归零码实验）

本实验通过观测 HDB$_3$ 非归零码编译码相关测试点，了解 HDB$_3$ 编译码规则。

（1）保持归零码实验的连线不变。

（2）打开电源，设置主控菜单，选择"主菜单"→"通信原理"→"HDB$_3$ 编译码"→"非归零码实验"。将载波同步及位同步模块（模块 13）的开关 S$_3$ 分频设置拨为"0100"，提取 256 kHz 同步时钟。

（3）此时系统初始状态：编码输入信号为 256 kHz 的 PN 序列。

（4）实验操作及波形观测。参照前面的 256 kHz 归零码实验项目的步骤，进行相关测试。波形见附录图 4-34。

六、HDB$_3$ 码对连"0"信号的编码、直流分量以及时钟信号的提取与观测

本实验通过设置和改变输入信号的码型，观测 HDB$_3$ 归零码编码输出信号中对长连"0"码信号的编码、含有的直流分量变化以及时钟信号提取情况，进一步了解 HDB$_3$ 码特性。

（1）关闭电源，按表 1-5-4 所示进行连线。

表 1-5-4　实验连线表（四）

源端口	目的端口	连线说明
数字终端和时分多址模块：DoutMUX	基带传输编译码模块：TH$_3$（编码输入数据）	基带信号输入
数字终端和时分多址模块：BSOUT	基带传输编译码模块：TH$_4$（编码输入时钟）	提供编码位时钟
基带传输编译码模块：TH$_1$（HDB$_3$ 输出）	基带传输编译码模块：TH$_7$（HDB$_3$ 输入）	将数据送入译码模块

续表

源端口	目的端口	连线说明
基带传输编译码模块:TH$_5$(单极性码)	载波同步及位同步模块:TH$_7$(数字锁相环输入)	数字锁相环位同步提取
载波同步及位同步模块:TH$_5$(BS2)	基带传输编译码模块:TH$_9$(译码时钟输入)	提供译码位时钟

(2)打开电源,设置主控菜单,选择"主菜单"→"通信原理"→"HDB$_3$ 编译码"→"归零码实验"。将载波同步及位同步模块(模块 13)的开关 S$_3$ 分频设置拨为"0011",即提取 512 kHz 同步时钟。将数字终端和时分多址模块(模块 2)的开关 S$_1$、S$_2$、S$_3$、S$_4$ 全部置为"11110000",使 DoutMUX 输出码型中含有连 4 个"0"的码型状态(或自行设置其他码值)。

(3)此时系统初始状态:编码输入信号为 256 kHz 的 32 位拨码信号。

(4)实验操作及波形观测。

①观察含有长连"0"信号的 HDB$_3$ 编码波形。用示波器观测基带传输编译码模块(模块 8)的 TH$_3$(编码输入数据)和 TH$_1$(HDB$_3$ 输出),观察信号中出现长连"0"时的波形变化情况,波形见附录图 4-35。

注:观察时注意码元的对应位置。

思考:HDB$_3$ 编码与 AMI 编码波形有什么差别?

②观察 HDB$_3$ 编码信号中是否含有直流分量。将数字终端和时分多址模块(模块 2)的开关 S$_1$、S$_2$、S$_3$、S$_4$ 拨为"00000000""00000000""00000000""00000011",用示波器分别观测编码输入数据和编码输出数据、编码输入时钟和译码输出时钟,调节示波器,将信号耦合状况置为交流,观察并记录波形,波形见附录图 4-36。保持连线,拨码开关由"0"到"1"逐位拨起,直到数字终端和时分多址模块(模块 2)的拨动开关置为"00111111""11111111""11111111""11111111",观察拨码过程中编码输入数据和编码输出数据波形的变化情况,波形见附录图 4-37。

思考:HDB$_3$ 码是否存在直流分量?

③观察 HDB$_3$ 编码信号所含时钟频谱分量。将数字终端和时分多址模块(模块 2)的开关 S$_1$、S$_2$、S$_3$、S$_4$ 全部置"0",用示波器先分别观测编码输入数据和编码输出数据,再分别观测编码输入时钟和译码输出时钟,观察并记录波形,再将数字终端和时分多址模块(模块 2)的开关 S$_1$、S$_2$、S$_3$、S$_4$ 全部置"1",观察并记录波形,波形见附录图 4-38 至图 4-41。

思考:数据和时钟是否能恢复? 在恢复时钟方面,HDB$_3$ 码与 AMI 码比较哪一个更好? 比较不同输入信号时两种码型的时钟恢复情况,并联系其编码信号频谱分析原因。

　　注:如有数字示波器,可以观测编码输出信号 FFT 的频谱。

【实验报告】

　　(1)分析实验电路的工作原理,叙述其工作过程。

　　(2)根据实验测试记录,画出各测量点的波形及频谱图,并分析实验现象。

数字系统综合实验

2.1 ASK 调制与解调实验

【实验目的】

(1)掌握用键控法产生 ASK 信号。

(2)掌握 ASK 非相干解调的原理。

【实验内容】

(1)观察 ASK 调制与解调信号的波形。

(2)深入理解 ASK 非相干解调过程。

【实验器材】

(1)主控和信号源	1块
(2)数字调制解调模块(9号模块)	1块
(3)双踪示波器	1台
(4)连接线	若干

【实验原理】

1. ASK 调制原理

在幅移键控(amplitude shift keying,ASK)中,载波振幅是随着基带信号的变化而变化的,以二进制幅移键控为例,使载波在二进制基带信号"1"或"0"的控制下通或断,即用载波振幅的有或无来代表信号中的"1"或"0",这样就可以得到 ASK 信号,这种二进制幅移键控方式称为通断键控(on-off keying,OOK)。ASK信号典型的时域波形如图 2-1-1 所示,其时域数学表达式为

$$s_{2ASK}(t) = a_n \cdot A\cos\omega_c t \tag{2-1-1}$$

式中,A 为未调载波振幅;ω_c 为载波角频率;a_n 为符合下列关系的二进制序列的第 n 个码元。

$$a_n = \begin{cases} 0 & \text{出现概率为 } P \\ 1 & \text{出现概率为 } 1-P \end{cases} \quad (2\text{-}1\text{-}2)$$

综合式(2-1-1)和式(2-1-2),令 $A=1$,则 ASK 信号的一般时域表达式为

$$s_{2ASK}(t) = \left[\sum_n a_n g(t-nT_s)\right]\cos\omega_c t$$

$$= s(t)\cos\omega_c t \quad (2\text{-}1\text{-}3)$$

式中,T_s 为码元间隔;$g(t)$ 为持续时间 $[0, T_s]$ 内任意波形形状的脉冲(分析时一般设为归一化矩形脉冲),$g(t-nT_s)$ 相对 $g(t)$ 偏移 nT_s。$s(t)$ 为代表二进制信息的随机单极性脉冲序列,$s(t)$ 的时域表达式为

$$s(t) = \sum_n a_n g(t-nT_s) \quad (2\text{-}1\text{-}4)$$

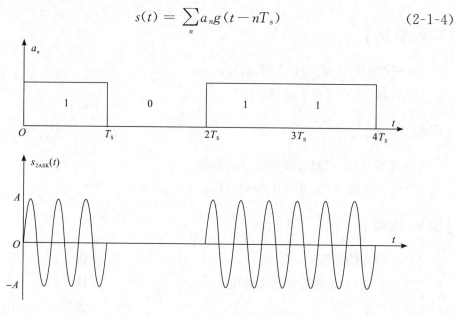

图 2-1-1 ASK 信号的典型时域波形

为了更深入掌握 ASK 信号的性质,除时域分析外,还应进行频域分析。由于二进制序列一般为随机序列,其频域分析的对象应为信号功率谱密度。设 $g(t)$ 为归一化矩形脉冲,若 $g(t)$ 的傅里叶变换为 $G(f)$,$s(t)$ 则为二进制随机单极性矩形脉冲序列,且任意码元为 0 的概率为 P,则 $s(t)$ 的功率谱密度表达式为

$$P_s(f) = f_s P(1-P)\,|G(f)|^2 + f_s^2(1-P)^2\,|G(0)|^2\delta(f) \quad (2\text{-}1\text{-}5)$$

式中,f 为频率变量;f_s 为抽样频率,$f_s = \dfrac{1}{T_s}$,并与二进制序列的码元速率 R_s 在数值上相等;$G(f) = T_s\left[\dfrac{\sin\pi f T_s}{\pi f T_s}\right]$;$\delta(f)$ 为冲激信号。可以看出,功率谱在零频处有离散谱,说明单极性矩形脉冲随机序列含有直流分量。ASK 信号的双边功率谱密度表达式为

$$P_{2ASK}(f) = \frac{1}{4}f_s P(1-P)\Big[\mid G(f+f_c)\mid^2 + \mid G(f-f_c)\mid^2\Big] +$$

$$\frac{1}{4}f_s^2(1-P)^2\mid G(0)\mid^2\Big[\delta(f+f_c)+\delta(f-f_c)\Big] \qquad (2\text{-}1\text{-}6)$$

式中，f_c 为载波频率。式(2-1-6)表明，ASK 信号的功率谱密度由两个部分组成：(1)由 $g(t)$ 经线性振幅调制所形成的双边带连续谱；(2)由被调载波分量确定的载频离散谱。图 2-1-2 所示为 ASK 信号的单边功率谱密度示意图。

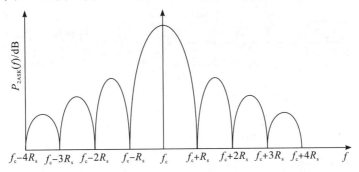

图 2-1-2　ASK 信号的单边功率谱密度示意图

对信号进行频域分析的主要目的之一就是确定信号的带宽。在不同应用场合，信号带宽有多种度量定义，但最常用和最简单的带宽定义是以功率谱主瓣宽度为度量的"谱零点带宽"，这种带宽定义特别适用于功率谱主瓣包含大部分功率信号的情况。显然，ASK 信号的谱零点带宽为

$$B_{2ASK} = (f_c + R_s) - (f_c - R_s) = 2R_s = 2/T_s \qquad (2\text{-}1\text{-}7)$$

式中，R_s 为二进制序列的码元速率，它与二进制序列的信息率(比特率)R_b(bit/s)在数值上相等。

ASK 信号的产生方法比较简单。首先，因 ASK 信号的特征是对载波的"通断键控"，用一个模拟开关作为调制载波输出的通/断控制门，由二进制序列 $s(t)$ 控制门的通断，$s(t)=1$ 时开关导通，$s(t)=0$ 时开关截止，这种调制方式称为通断键控法。其次，ASK 信号可视为 $s(t)$ 与载波的乘积，故用模拟乘法器实现 ASK 调制也是一种方法，称为乘积法。这里采用的是通断键控法，ASK 调制的基带信号和载波信号分别从"ASK 基带输入"和"ASK 载波输入"输入，其原理框图和电路原理图分别如图 2-1-3、图 2-1-4 所示。

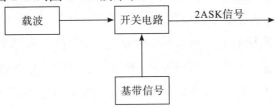

图 2-1-3　ASK 调制原理框图

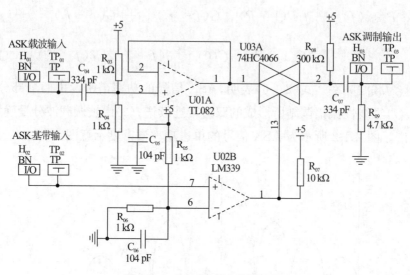

图 2-1-4   ASK 调制电路原理图

2. ASK 解调原理

ASK 解调有非相干解调(包络检波法)和相干解调(同步检测法)两种方法，这里采用的是包络检波法，其原理框图如图 2-1-5 所示。

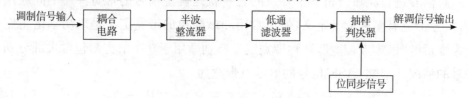

图 2-1-5   ASK 解调原理框图

ASK 调制信号输入后经耦合电路送至半波整流器，经低通滤波器输出，再将每个码元周期抽得的样值经电压比较器与参考电位比较作判决输出，这部分功能由抽样判决器完成。由于被传输的是数字信号"1"和"0"，因此在每个码元周期内，对低通滤波器的输出经抽样判决电路做一次判决，可对恢复的基带信号进行整形，提高输出信号的质量，最后得到解调输出的二进制信号。实际电路中还需要"ASK 判决电压调节"的电位器，用以调节电压比较器的判决电压。判决电压过高，将会导致正确的解调结果丢失；判决电压过低，将会导致解调结果中含有大量错码，因此，只有合理选择判决电压，才能得到正确的解调结果。抽样判决用的时钟信号就是 ASK 基带信号的位同步信号，该信号可以从信号源直接引入，也可以从同步信号恢复模块引入。在实际应用的通信系统中，解调器的输入端都有一个带通滤波器来滤除带外的信道白噪声，并确保系统的频率特性符合无码间串扰的条件。本实验中为了简化实验设备，在调制部分的输出端没有加带通滤波器，并且假设信道是理想的，所以在解调部分的输入端也没有加带通滤波器。

【实验框图】

ASK 调制及解调实验原理框图如图 2-1-6 所示。ASK 解调是将基带信号和载波直接相乘,已调信号经过半波整流、低通滤波后,通过门限判决电路解调出原始基带信号。

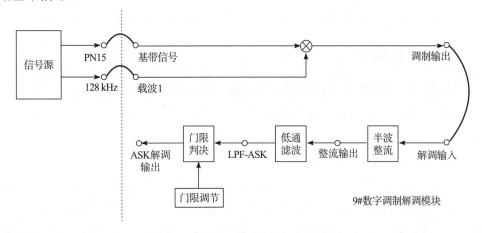

图 2-1-6　ASK 调制及解调实验原理框图

【实验项目】

一、ASK 调制

ASK 调制实验中,ASK 载波振幅是随着基带信号的变化而变化的。在本实验中,通过调节输入的 PN 序列频率或者载波频率,对比观测基带信号波形与调制输出波形,观测每个码元对应的载波波形,验证 ASK 调制原理。

(1)关闭电源,按表 2-1-1 所示进行连线。

表 2-1-1　实验连线表

源端口	目的端口	连线说明
信号源:PN	数字调制解调模块:TH₁	调制信号输入
信号源:128 kHz	数字调制解调模块:TH₁₄	载波输入
数字调制解调模块:TH₄(调制输出)	数字调制解调模块:TH₇	解调信号输入

(2)打开电源,设置主控菜单,选择"主菜单"→"通信原理"→"ASK 数字调制解调",将数字调制解调模块的 S₁ 拨为"0000"。

(3)此时系统的初始状态:PN 序列输出频率 32 kHz,调节 128 kHz 载波信号的峰-峰值为 3 V。

(4)实验操作及波形观测。

①分别观测调制输入和调制输出信号：以数字调制解调模块(9 号模块)TH_1为触发，用示波器同时观测数字调制解调模块的调制信号输入 TH_1 和调制输出 TH_4，验证 ASK 调制原理，波形见附录图 5-1。

②将 PN 序列输出频率改为 64 kHz，观察载波个数是否发生变化，波形见附录图 5-2。

注：按下主控和信号源模块"功能 1"，旋转旋钮即可改变 PN 序列输出频率。

二、ASK 解调

本实验中，通过对比观测调制输入与解调输出信号，观察波形是否有延时现象，并验证 ASK 解调原理。观测解调输出的中间观测点，如 TP_4(ASK 信号整流输出)、TP_5(经低通滤波器输出 LPF-ASK)，深入理解 ASK 非相干解调过程。

(1)保持 ASK 调制实验中的连线及初始状态。

(2)对比观测调制信号输入以及解调输出：以数字调制解调模块(9 号模块)的 TH_1 为触发，用示波器同时观测数字调制解调模块的 TH_1 和 TH_6，波形见附录图 5-3，调节数字调制解调模块的 W_1(抽样判决门限)直至二者波形相同；再观测 TP_4(ASK 信号整流输出)、TP_5(经低通滤波器输出 LPF-ASK)两个中间过程测试点，波形见附录图 5-4 和图 5-5，验证 ASK 解调原理。

(3)以信号源的时钟信号 CLK 为触发，观察数字调制解调模块 LPF-ASK，观测眼图，见附录图 5-6。

【实验报告】

(1)分析实验电路的工作原理，简述其工作过程。

(2)分析 ASK 调制解调原理。

2.2 FSK 调制与解调实验

【实验目的】

(1)掌握用键控法产生 FSK 信号。

(2)掌握 FSK 非相干解调原理。

【实验内容】

(1)观察 FSK 调制与解调信号的波形。

(2)深入理解 FSK 非相干解调过程。

【实验器材】

(1) 主控和信号源模块　　　　　　　　　　　1 块
(2) 数字调制解调模块(9 号模块)　　　　　　1 块
(3) 双踪示波器　　　　　　　　　　　　　　1 台
(4) 连接线　　　　　　　　　　　　　　　　若干

【实验原理】

1. FSK 调制原理

频移键控(frequency shift keying, FSK)信号是用载波频率的变化来表征被传信息的状态,以二进制频移键控为例,被调载波的频率随二进制序列"0"或"1"的变化而变化,载频为 f_0 时代表传"0",载频为 f_1 时代表传"1"。显然,FSK 信号完全可以看成两个分别以 f_0 和 f_1 为载频、以 a_n 和 $\overline{a_n}$ 为被传二进制序列的 ASK 信号的合成。FSK 信号的典型时域波形如图 2-2-1 所示,其一般时域数学表达式为

$$s_{2FSK}(t) = \left[\sum_n a_n g(t-nT_s)\right]\cos\omega_0 t + \left[\sum_n \overline{a_n} g(t-nT_s)\right]\cos\omega_1 t \quad (2\text{-}2\text{-}1)$$

式中, $\omega_0 = 2\pi f_0$; $\omega_1 = 2\pi f_1$; $\overline{a_n}$ 是 a_n 的反码,即

$$a_n = \begin{cases} 0 & \text{概率为 } P \\ 1 & \text{概率为 } 1-P \end{cases}$$

$$\overline{a_n} = \begin{cases} 1 & \text{概率为 } P \\ 0 & \text{概率为 } 1-P \end{cases}$$

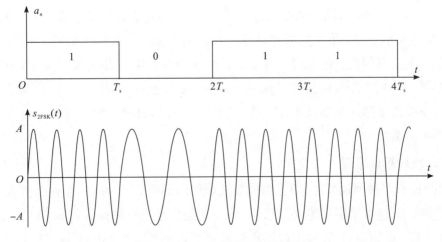

图 2-2-1　FSK 信号的典型时域波形

因为 FSK 属于频率调制,通常可定义其移频键控指数 h 为

$$h = |f_1 - f_0| T_s = |f_1 - f_0| / R_s \tag{2-2-2}$$

显然,h 与模拟调频信号的调频指数的性质是一样的,其大小对已调波的带宽有很大影响。FSK 信号与 ASK 信号的相似之处是均含有载频离散谱分量,即二者均可以采用非相干方式进行解调。可以看出,当 $h<1$ 时,FSK 信号的功率谱与 ASK 的极为相似,呈单峰状;当 $h \gg 1$ 时,FSK 信号的功率谱呈双峰状,此时的信号带宽近似为

$$B_{2FSK} = |f_1 - f_0| + 2R_s \tag{2-2-3}$$

FSK 信号的产生通常有两种方式:一是频率选择法,二是载波调频法。由于频率选择法产生的 FSK 信号为两个彼此独立的载波振荡器输出信号之和,在二进制码元状态转换(0→1 或 1→0)时刻,FSK 信号的相位通常是不连续的,这不利于已调信号功率谱旁瓣分量的收敛。载波调频法是在一个直接调频器中产生FSK 信号,此时,得到的已调信号出自同一个振荡器,信号相位在载频变化时始终是连续的,这有利于已调信号功率谱旁瓣分量的收敛,可使信号功率更集中于信号带宽内。在这里,我们采用频率选择法,其调制原理框图如图 2-2-2 所示。

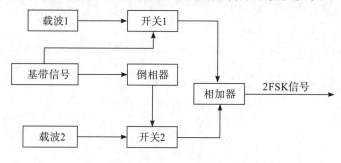

图 2-2-2　FSK 调制原理框图

由图 2-2-2 可知,输入的基带信号分成两路,一路直接接至上支路的控制端,另一路经反相后接至下支路的控制端。从载波 1 和载波 2 输入的载波信号分别接至上、下支路的载波输入端。当基带信号为"1"时,上支路模拟开关 1 打开,下支路模拟开关 2 关闭,输出第一路载波;当基带信号为"0"时,上支路模拟开关 1 关闭,下支路模拟开关 2 打开,此时输出第二路载波,再通过相加器处理就可以得到 FSK 调制信号。

2. FSK 解调原理

FSK 有多种解调方法,如包络检波法、相干解调法、鉴频法、过零检测法和差分检波法等,这里采用过零检测法对 FSK 调制信号进行解调。FSK 信号的过零点数随不同载频而异,故检出过零点数就可以得到关于频率的差异,这就是过零检测法的基本思想。用过零检测法对 FSK 信号进行解调的原理框图如图2-2-3所示。其中,整形 1 和整形 2 的功能类似于比较器,可在其输入端将输入信号叠加

在 2.5 V 上。FSK 调制信号从左端输入,整形 1 的判决电压设置在 2.5 V,可把输入信号进行硬限幅处理。这样,整形 1 将 FSK 信号变为 TTL 电平;整形 2 和抽样电路共同构成抽样判决器,其判决电压可通过标号为"FSK 判决电压调节"的电位器进行调节。单稳 1 和单稳 2 分别被设置为上升沿触发和下降沿触发,它们与相加器一起共同对 TTL 电平的 FSK 信号进行微分、整流处理。上升沿脉冲宽度及下降沿脉冲宽度由电路电阻决定。抽样判决器的时钟信号就是 FSK 基带信号的位同步信号,该信号可以从信号源直接引入,也可以从同步信号恢复模块引入。

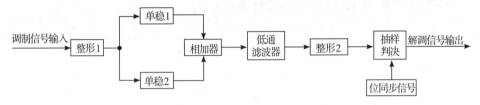

图 2-2-3　FSK 解调原理框图

【实验框图】

FSK 调制与解调实验原理框图如图 2-2-4 所示。基带信号与一路载波相乘,得到电平为"1"的 ASK 调制信号,基带信号取反后再与二路载波相乘,得到电平为"0"的 ASK 调制信号,然后相加合成 FSK 调制输出。已调信号经过"过零检测"来识别信号中载波频率的变化情况,通过上、下沿单稳触发电路再相加输出,最后经过低通滤波和门限判决,得到原始基带信号。

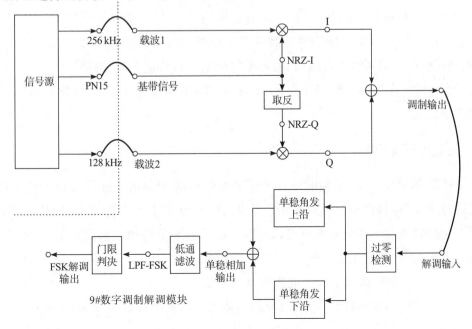

图 2-2-4　FSK 调制与解调实验原理框图

62

【实验项目】

一、FSK 调制

FSK 调制实验中,信号用载波频率的变化来表征被传信息的状态。本实验中,通过调节输入 PN 序列频率,对比观测基带信号波形与调制输出波形来验证 FSK 调制原理。

(1)关闭电源,按表 2-2-1 所示进行连线。

表 2-2-1　实验连线表

源端口	目的端口	连线说明
信号源:PN	数字调制解调模块:TH_1	调制信号输入
信号源:256 kHz(载波 1)	数字调制解调模块:TH_{14}	载波 1 输入
信号源:128 kHz(载波 2)	数字调制解调模块:TH_3	载波 2 输入
数字调制解调模块:TH_4(调制输出)	数字调制解调模块:TH_7	解调信号输入

(2)打开电源,设置主控菜单,选择"主菜单"→"通信原理"→"FSK 数字调制解调"。将数字调制解调模块(9 号模块)的 S_1 拨为"0000"。调节信号源模块的 W_2,使 128 kHz 载波信号的峰-峰值为 3 V,调节信号源模块的 W_3,使 256 kHz 载波信号的峰-峰值也为 3 V。

(3)此时系统初始状态:PN 序列输出频率 32 kHz。

(4)实验操作及波形观测。

①示波器通道 1(CH_1)接数字调制解调模块(9 号模块)的 TH_1 数字基带信号,示波器通道 2(CH_2)接数字调制解调模块的 TH_4 调制输出,以 CH_1 为触发,对比观测 FSK 调制输入及输出,波形见附录图 6-1,验证 FSK 调制原理。

②将 PN 序列输出频率改为 64 kHz,观察载波个数是否发生变化,波形见附录图 6-2。

二、FSK 解调

FSK 解调实验中,采用的是过零检测法对 FSK 调制信号进行解调。实验中,通过对比观测调制输入与解调输出,观察波形是否有延时现象,验证 FSK 解调原理。观测解调输出的中间观测点,如 TP_6(过零检测单稳相加输出)、TP_7(再经低通滤波器 LPF-FSK),深入理解 FSK 解调过程。

(1)保持 FSK 调制实验中的连线及初始状态。

(2)对比观测调制信号输入以及解调输出。以数字调制解调模块(9 号模块)

的 TH_1 为触发,用示波器分别观测数字调制解调模块的 TH_1 和 TP_6(过零检测单稳相加输出)、TP_7(再经低通滤波器 LPF-FSK)、TH_8(FSK 解调输出),波形见附录图 6-3 至图 6-5,验证 FSK 解调原理。

(3)以信号源的 CLK 为触发,观测数字调制解调模块 LPF-FSK,观测眼图,见附录图 6-6。

【实验报告】

(1)分析实验电路的工作原理,简述其工作过程。

(2)分析 FSK 调制解调原理。

2.3 BPSK/DBPSK 调制与解调实验

【实验目的】

(1)掌握 BPSK/DBPSK 调制和解调的基本原理。

(2)掌握绝对码、相对码的概念以及它们之间的变换关系和变换方法。

(3)掌握 BPSK 数据传输过程,熟悉典型电路。

(4)熟悉 BPSK 调制载波包络的变化情况。

(5)掌握 BPSK 载波恢复特点与位定时恢复的基本方法。

【实验内容】

(1)观察 BPSK/DBPSK 信号波形。

(2)观察 BPSK/DBPSK 相干解调器各点波形。

【实验器材】

(1)主控和信号源模块	1 块
(2)数字调制解调模块(9 号模块)	1 块
(3)载波同步及位同步模块(13 号模块)	1 块
(4)双踪示波器	1 台
(5)连接线	若干

【实验原理】

1. BPSK/DBPSK 调制原理

二进制相移键控(binary phase shift keying,BPSK)信号是用载波相位的变化表征被传输信息状态的,通常规定 0 相位载波和 π 相位载波分别代表传"1"和传"0",其时域波形示意图如图 2-3-1 所示。

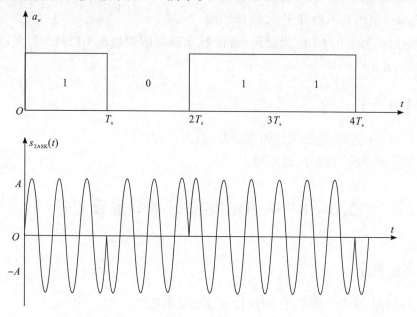

图 2-3-1 BPSK 信号的时域波形示意图

设二进制单极性码为 a_n,其对应的双极性二进制码为 b_n,则 BPSK 信号的一般时域数学表达式为

$$s_{\text{BPSK}}(t) = \left[\sum_n b_n g(t - nT_s) \right] \cos\omega_c t \tag{2-3-1}$$

其中

$$b_n = \begin{cases} -1 & \text{当 } a_n = 0 \text{ 时,概率为 } P \\ +1 & \text{当 } a_n = 1 \text{ 时,概率为 } 1-P \end{cases}$$

则式(2-3-1)可变为

$$s_{\text{BPSK}}(t) = \begin{cases} \left[\sum_n g(t - nT_s) \right] \cos(\omega_c t + \pi) & \text{当 } a_n = 0 \text{ 时} \\ \left[\sum_n g(t - nT_s) \right] \cos(\omega_c t + 0) & \text{当 } a_n = 1 \text{ 时} \end{cases} \tag{2-3-2}$$

由式(2-3-2)可见,BPSK 信号是一种双边带信号,其双边功率谱表达式与 ASK 的几乎相同,即

$$P_{\text{BPSK}}(f) = f_s P(1-P) \left[\mid G(f + f_c) \mid^2 + \mid G(f - f_c) \mid^2 \right] \tag{2-3-3}$$

BPSK 信号的谱零点带宽与 ASK 的相同,即

$$B_{\text{BPSK}} = (f_c + R_s) - (f_c - R_s) = 2R_s = 2/T_s \tag{2-3-4}$$

BPSK 信号是用载波的不同相位直接表示相应的数字信号而得出的,在这种绝对相移的方式中,由于发送端是以某一个相位作为基准的,所以在接收系统中也必

须有这样一个固定基准相位作参考。如果这个参考相位发生变化,则恢复的数字信息就会与发送的数字信息完全相反,从而造成错误的恢复,这种现象常称为 BPSK 的"倒 π"现象。因此,实际中一般不采用 BPSK 方式,而采用差分二相相移键控(differential binary phase shift keying,DBPSK)方式。

DBPSK 是利用前后相邻码元的相对载波相位值表示数字信息的一种方式。例如,假设相位值用相位偏移 $\Delta\Phi$ 表示($\Delta\Phi$ 定义为本码元初相与前一码元初相之差),并设

$$\Delta\Phi=\pi \rightarrow \text{数字信息"1"}$$

$$\Delta\Phi=0 \rightarrow \text{数字信息"0"}$$

则数字信息序列与 DBPSK 信号的码元相位关系可表示如下。

数字信息:　　　　　0 0 1 1 1 0 0 1 0 1

DBPSK 信号相位:0^*　0　0　π　0　π　π　π　0　0　π

　　　或:π^*　π　π　0　π　0　0　0　π　π　0

图 2-3-2 所示为对同一组二进制信号调制后的 BPSK 与 DBPSK 波形。

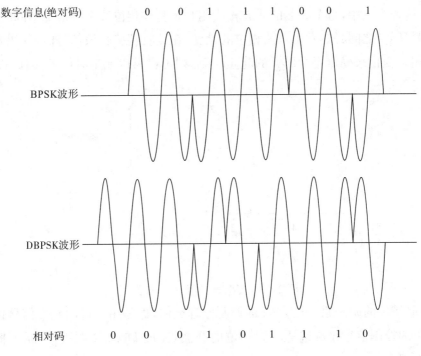

图 2-3-2　BPSK 与 DBPSK 波形对比

从图 2-3-2 中可以看出 DBPSK 信号波形与 BPSK 信号波形的不同。DBPSK 的波形同一相位并不对应相同的数字信息符号,而前后码元相对相位的差才唯一决定信息符号。这说明,解调 DBPSK 信号时并不依赖于某一固定的载波相位参考值,只要前后码元的相对相位关系不被破坏,则鉴别这个关系就可以正确恢复

数字信息,这就避免了 BPSK 方式中的"倒 π"现象发生。同时,也可以看到,单纯从波形上看,BPSK 与 DBPSK 信号是无法分辨的。这说明:一方面,只有在已知相移键控方式是绝对的或是相对的情况下,才能正确判定原信息;另一方面,相对的相移信号可以看成是把数字信息序列(绝对码)变换成相对码,然后再根据相对码进行绝对相移而形成的。

为了便于说明概念,可以把每个码元用一个矢量图来表示,如图 2-3-3 所示。图 2-3-3 中,虚线矢量位置称为基准相位。在绝对相移中,它是未调制载波的相位;在相对移相中,它是前一码元载波的相位。如果假设每个码元周期中包含整数个载波周期,那么两相邻码元载波的相位差表示调制引起的相位变化,即两码元交界点载波相位的瞬时跳变量。

根据 ITU-T 的建议,图 2-3-3(a)所示的相移方式称为 A 方式,在这种方式中,每个码元的载波相位相对于基准相位可取 0、π。因此,在相对相移后,若后一码元的载波相位相对于基准相位为 0,则前后两码元载波的相位就是连续的;否则,载波相位在两码元之间要发生跳变。图 2-3-3(b)中所示的相移方式称为 B 方式,在这种方式中,每个码元的载波相位相对于基准相位改变 $\pm\pi/2$。在相对相移时,相邻码元之间必然发生载波相位的跳变,在接收端接收该信号时,如果通过检测此相位变化来确定每个码元的起止时刻,则可提供码元定时信息,因此,B 方式被广泛采用。

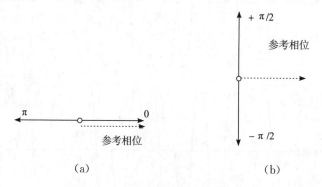

(a)   (b)

图 2-3-3   二相调制相移信号矢量图

DBPSK 的调制原理与 FSK 的调制原理类似,也是用二进制基带信号作为模拟开关的控制信号轮流选通不同相位的载波,完成 DBPSK 调制,其原理框图如图 2-3-4 所示。

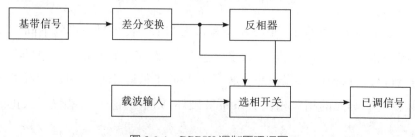

图 2-3-4   DBPSK 调制原理框图

2. BPSK/DBPSK 解调原理

BPSK 和 DBPSK 解调最常用的方法是极性比较法和相位比较法,这里采用极性比较法对 BPSK 信号和 DBPSK 信号进行解调,原理框图如图 2-3-5 所示。调制信号从左端输入,同步载波从"本地载波"点输入。调制信号与载波信号相乘后,去掉了调制信号中的载波成分,再经过低通滤波器去除高频成分,得到包含基带信号的低频信号,对此信号进行抽样判决,便得到 BPSK 的解调信号,再经过逆差分变换电路,就可以得到 DBPSK 的解调信号。

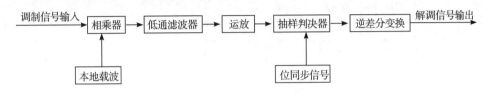

图 2-3-5 BPSK/DBPSK 解调原理框图

【实验框图】

1. BPSK 调制与解调实验框图及说明

如图 2-3-6 所示,基带信号的"1"电平和"0"电平信号分别与 256 kHz 载波及 256 kHz 反相载波相乘,叠加后得到 BPSK 调制输出,已调信号送入载波同步及位同步模块的载波提取单元,得到同步载波,已调信号与相干载波相乘后,经过低通滤波和门限判决后,解调输出原始基带信号。

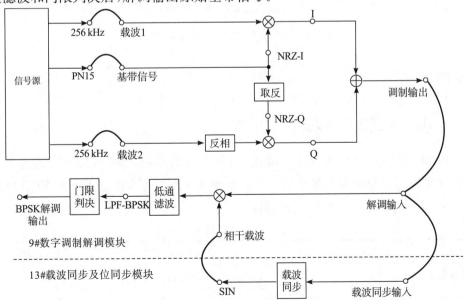

图 2-3-6 BPSK 调制与解调实验框图

2. DBPSK 调制与解调实验框图及说明

如图 2-3-7 所示,基带信号先经过差分编码得到相对码,再将相对码的"1"电平和"0"电平信号分别与 256 kHz 载波及 256 kHz 反相载波相乘,叠加后得到 DBPSK 调制输出,已调信号送入载波同步及位同步模块(13 号模块)的载波提取单元,提取同步载波,已调信号与相干载波相乘后,经过低通滤波和门限判决后,解调输出原始相对码,最后经过差分译码恢复输出原始基带信号。

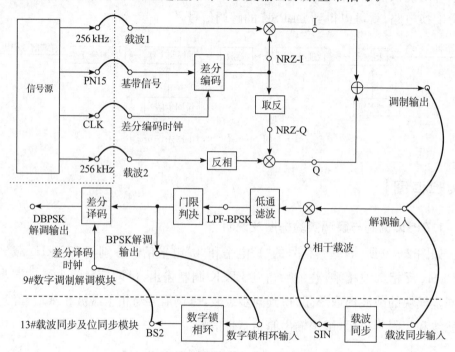

图 2-3-7　DBPSK 调制与解调实验框图

【实验项目】

一、BPSK 调制信号观测

BPSK 调制实验中,信号是用相位相差 180°的载波变换来表征被传递的信息。本实验通过对比观测基带信号波形与调制输出波形来验证 BPSK 调制原理。

(1)关闭电源,按表 2-3-1 所示进行连线。

表 2-3-1　实验连线表(一)

源端口	目的端口	连线说明
信号源:PN	数字调制解调模块:TH$_1$(基带信号)	调制信号输入
信号源:256 kHz	数字调制解调模块:TH$_{14}$(载波 1)	载波 1 输入

源端口	目的端口	连线说明
信号源:256 kHz	数字调制解调模块:TH₃(载波 2)	载波 2 输入
数字调制解调模块:TH₄(调制输出)	载波同步及位同步模块:TH₂(载波同步输入)	载波同步模块信号输入
载波同步及位同步模块:TH₁(SIN)	数字调制解调模块:TH₁₀(相干载波输入)	用于解调的载波
数字调制解调模块:TH₄(调制输出)	数字调制解调模块:TH₇(解调输入)	解调信号输入

(2)打开电源,设置主控菜单,选择"主菜单"→"通信原理"→"BPSK/DBPSK 数字调制解调"。将数字调制解调模块(9 号模块)的 S_1 拨为"0000",调节信号源模块 W_3,使 256 kHz 载波信号峰-峰值为 3 V。

(3)此时系统初始状态:PN 序列输出频率 32 kHz。

(4)实验操作及波形观测。

①以数字调制解调模块的"NRZ-I"为触发,观测"I"路波形,见附录图 7-1。

②以数字调制解调模块的"NRZ-Q"为触发,观测"Q"路波形,见附录图 7-2。

③以数字调制解调模块的"基带信号"为触发,观测调制输出,波形见附录图 7-3。

④将 PN 序列输出频率改为 64 kHz,观测调制输出,波形见附录图 7-4。

思考:通过观测上述波形,分析 BPSK 与 ASK 有何关系。

二、BPSK 解调观测

本实验通过对比观测基带信号波形与解调输出波形,观察是否有延时现象,并且验证 BPSK 解调原理。观测解调中间观测点 TP_8,深入理解 BPSK 解调原理。

(1)保持 BPSK 调制信号观测实验中的连线不变。将数字调制解调模块(9 号模块)的 S_1 拨为"0000"。

(2)以数字调制解调模块的"基带信号"为触发,观测载波同步及位同步模块的"SIN",调节载波同步及位同步模块的 W_1,使"SIN"的波形稳定,即恢复出载波,波形见附录图 7-5 和图 7-6。

(3)以数字调制解调模块的"基带信号"为触发,观测 BPSK 解调输出,多次单击载波同步及位同步模块的"复位"按键,观测 BPSK 解调输出的变化,波形见附录图 7-7 和图 7-8,理解并掌握恢复的载波存在"0""π"相位模糊问题对 BPSK 解调造成的影响。

(4)以信号源的 CLK 为触发,测数字调制解调模块的 LPF-BPSK,观测眼图,见附录图 7-9。

思考:BPSK 解调输出是否存在相位模糊的情况? 为什么会有相位模糊的情况?

三、DBPSK 调制信号观测

DBPSK 调制实验中,信号是用相位相差 180°的载波变换来表征被传递的信息。本实验通过对比观测基带信号波形与调制输出波形来验证 DBPSK 调制原理。

(1)关闭电源,按表 2-3-2 所示进行连线。

表 2-3-2　实验连线表(二)

源端口	目的端口	连线说明
信号源:PN	数字调制解调模块:TH$_1$(基带信号)	调制信号输入
信号源:256 kHz	数字调制解调模块:TH$_{14}$(载波 1)	载波 1 输入
信号源:256 kHz	数字调制解调模块:TH$_3$(载波 2)	载波 2 输入
信号源:CLK	数字调制解调模块:TH$_2$(差分编码时钟)	调制时钟输入
数字调制解调模块:TH$_4$(调制输出)	载波同步及位同步模块:TH$_2$(载波同步输入)	载波同步模块信号输入
载波同步及位同步模块:TH$_1$(SIN)	数字调制解调模块:TH$_{10}$(相干载波输入)	用于解调的载波
数字调制解调模块:TH$_4$(调制输出)	数字调制解调模块:TH$_7$(解调输入)	解调信号输入
数字调制解调模块:TH$_{12}$(BPSK 解调输出)	载波同步及位同步模块:TH$_7$(数字锁相环输入)	数字锁相环信号输入
载波同步及位同步模块:TH$_5$(BS2)	数字调制解调模块:TH$_{11}$(差分译码时钟)	用作差分译码时钟

(2)打开电源,设置主控菜单,选择"主菜单"→"通信原理"→"BPSK/DBPSK 数字调制解调"。将数字调制解调模块(9 号模块)的 S$_1$ 拨为"0100",载波同步及位同步模块(13 号模块)的 S$_3$ 拨为"0111"。

(3)此时系统初始状态:PN 序列输出频率 32 kHz,调节信号源模块的 W$_3$,使 256 kHz 载波信号的峰-峰值为 3 V。

(4)实验操作及波形观测。

①以数字调制解调模块的"NRZ-I"为触发,观测"I"路波形,见附录图 7-10。

②以数字调制解调模块的"NRZ-Q"为触发,观测"Q"路波形,见附录图 7-11。

③以数字调制解调模块的"基带信号"为触发,观测调制输出,波形见附录图 7-12。

思考:通过观测上述波形,分析 DBPSK 与 ASK 有何关系。

四、DBPSK 差分信号观测

本实验通过对比观测基带信号波形与"NRZ-I"输出波形,观察差分信号,验证差分变换原理。

(1)保持 DBPSK 调制信号观测实验中的连线不变。

(2)将数字调制解调模块(9 号模块)的 S_1 拨为"0100"。

(3)以"基带信号"为触发,观测"NRZ-I"。记录波形,并分析差分编码规则,波形见附录图 7-13。

五、DBPSK 解调观测

本实验通过对比观测基带信号波形与 DBPSK 解调输出波形,验证 DBPSK 解调原理。

(1)保持 DBPSK 调制信号观测实验中的连线不变。将数字调制解调模块(9 号模块)的 S_1 拨为"0100"。

(2)以数字调制解调模块的"基带信号"为触发,观测载波同步及位同步模块(13 号模块)的"SIN",调节载波同步及位同步模块的 W_1,使"SIN"的波形稳定,即恢复出载波,波形见附录图 7-14。以数字调制解调模块的"基带信号"为触发,观测 DBPSK 解调输出,多次单击载波同步及位同步模块的"复位"按键,观测 DBPSK 解调输出的变化,波形见附录图 7-15。经观测发现,DBPSK 很好地解决了 BPSK 相位模糊的问题。

(3)以信号源的 CLK 为触发,测数字调制解调模块的 LPF-BPSK,观测眼图,见附录图 7-16。

【实验报告】

(1)分析实验电路的工作原理,简述其工作过程。

(2)分析 BPSK 调制解调原理,通过解调输出波形解释 BPSK 相位模糊问题。

(3)通过实验波形分析 DBPSK 调制解调原理。

2.4　QPSK/OQPSK 数字调制实验

【实验目的】

(1)掌握 QPSK 调制原理。

（2）了解 OQPSK 调制原理。

【实验内容】

（1）验证 QPSK/OQPSK 两种四进制调相的原理。

（2）观测 QPSK/OQPSK 两种调制方式下的已调信号星座图。

【实验器材】

（1）主控和信号源	1 块
（2）数字调制解调模块（9 号模块）	1 块
（3）软件无线电调制模块（10 号模块）（选用）	1 块
（4）软件无线电解调模块（11 号模块）（选用）	1 块
（5）双踪示波器	1 台
（6）连接线	若干

【实验原理】

1. QPSK 调制解调原理

在四相相移键控（quadrature phase shift keying，QPSK）中，载波相位有四种取值，当基带码元间隔为 T_s 时，QPSK 信号可以表示为

$$
\begin{aligned}
s_{QPSK}(t) &= Ag(t-nT_s)\cos(\omega_c t + \varphi_n) \\
&= Ag(t-nT_s)(\cos\varphi_n\cos\omega_c t - \sin\varphi_n\sin\omega_c t) \\
&= I(t)\cos\omega_c t - Q(t)\sin\omega_c t \quad nT_s \leqslant t < (n+1)T_s \quad (2\text{-}4\text{-}1)
\end{aligned}
$$

式中，$I(t)$ 为同相分量；$Q(t)$ 为正交分量。由此可知，QPSK 可以用正交调制的方法产生。φ_n 为载波在 $t=nT_s$ 时刻的相位，且有

$$
\varphi_n \in \left\{0, \frac{\pi}{2}, \pi, \frac{3\pi}{2}\right\} \text{ 或 } \varphi_n \in \left\{\frac{\pi}{4}, \frac{3\pi}{4}, -\frac{3\pi}{4}, -\frac{\pi}{4}\right\} \quad (2\text{-}4\text{-}2)
$$

每个码元时间内，QPSK 有四种可能相位，可以用 2 bit 来表示四种不同的相位，因此，就存在不同的比特映射方式。从理论上说，4 种相位到 2 bit 的映射共有 4! 种。如果考虑旋转 90°不变的特征，有 4! /4＝6 种映射，再考虑旋转 180°不变的特征，则有 3 种映射，常用的映射有 Gray 映射和自然映射。

①Gray 映射。

$$
\begin{array}{ccc}
00 \to 45° & & 00 \to 0° \\
01 \to 135° & & 01 \to 90° \\
11 \to 225° & \text{或} & 11 \to 180° \\
10 \to 315° & & 10 \to 270°
\end{array}
$$

两类 Gray 映射对应的星座结构如图 2-4-1 所示。

图 2-4-1　Gray 码映射下的 QPSK 星座图

②自然映射。

$$00 \rightarrow 45° \qquad 00 \rightarrow 0°$$
$$01 \rightarrow 135° \qquad 01 \rightarrow 90°$$
$$\qquad\qquad 或$$
$$11 \rightarrow 225° \qquad 11 \rightarrow 180°$$
$$10 \rightarrow 315° \qquad 10 \rightarrow 270°$$

自然映射星座结构如图 2-4-2 所示。

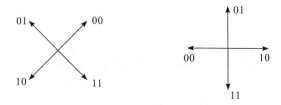

图 2-4-2　自然映射下的 QPSK 星座图

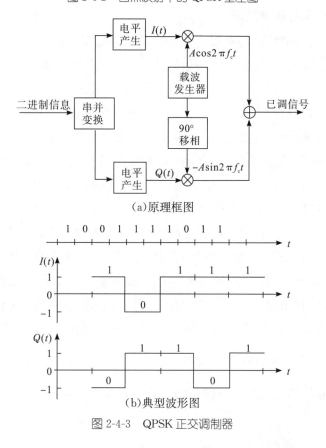

(a)原理框图

(b)典型波形图

图 2-4-3　QPSK 正交调制器

由式(2-4-1)可知,可采用正交调制法产生 QPSK 信号,如图 2-4-3 所示,输入的串行二进制码经过串并变换,会分为两路速率减半的序列,两个支路电平发生器分别产生双极性二电平信号,然后分别对同相和正交载波进行调制,相加后即得到 QPSK 信号。因此,QPSK 信号可以看成两路正交 BPSK 信号的叠加。

QPSK 信号的解调。QPSK 信号可以用两个正交的本地载波信号实现相干解调,如图 2-4-4 所示。同相和正交支路分别设置两个相关器,QPSK 信号同时送到解调器的两个信道,在相乘器中与对应的载波相乘,并送到积分器,在 $0\sim2T_s$ 时间内积分,分别得到 $I(t)$ 和 $Q(t)$,再经抽样判决和并串变换即可恢复原始信息。

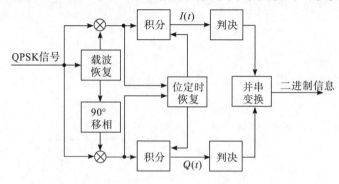

图 2-4-4   QPSK 相干解调器

2. OQPSK 调制解调原理

由于实际信道带宽总是有限的,因此,需要对 QPSK 信号的带宽进行限制,以减小码间串扰的影响。可先将基带信号经过基带成形滤波器,然后进行 QPSK 调制,再通过带通滤波器送入信道。但通过带限滤波处理后的 QPSK 信号已不再是恒包络,而且,当码组的变化产生 180°的载波相位跳变时,这种相位跳变会引起带限滤波后的 QPSK 信号包络起伏,甚至出现波形包络为 0 的现象。当包络起伏很大的带限 QPSK 信号通过非线性器件后,其功率谱会出现旁瓣增生,导致频谱扩散,增加对相邻信道的干扰。为了消除 180°的相位跳变,在 QPSK 的基础上提出偏置四相相移键控(offset QPSK,OQPSK)。

QPSK 信号是利用正交调制方法产生的,对输入数据进行串并变换及码型变换(将单极性码型变为双极性码型)处理后,得到 4 种组合:(1,1)、(−1,1)、(−1,−1)和(1,−1),每套的前一比特为同相分量 I,后一比特为正交分量 Q,然后利用同相分量和正交分量分别对两个正交的载波进行 BPSK 调制,最后将调制结果叠加,得到 QPSK 信号。随着输入数据的不同,QPSK 信号的相位会在这 4 种相位上跳变,跳变量可能为 $\pm\dfrac{\pi}{2}$ 或 $\pm\pi$。当发生对角过渡,即产生 $\pm\pi$ 的相移时,经过带通滤波器之后所形成的包络起伏达到最大。

　　为了减小包络起伏,在做 QPSK 正交调制时,将正交分量 $Q(t)$ 的基带信号与同相分量 $I(t)$ 的基带信号在时间上错开半个码元周期,此调制方法就称为偏置四相相移键控,其可以表示为

$$s_{\text{OQPSK}}(t) = A\sum_n g(t-2nT_s)\cos\varphi_n\cos\omega_c t - A\sum_n g[t-(2n+1)T_s]\sin\varphi_n\sin\omega_c t$$

$$= I(t)\cos\omega_c t - Q(t-T_s)\sin\omega_c t \qquad\qquad (2\text{-}4\text{-}3)$$

式中,$I(t)$ 表示同相分量;$Q(t-T_s)$ 表示正交分量,它相对于同相分量偏移 T_s。由于同相分量和正交分量不能同时发生变化,相邻一个比特信号的相位只可能发生 $\pm90°$ 的变化,因此,星座图中的信号点只能沿正方形四边移动,不再出现沿对角线移动,消除了已调信号中相位突变 $180°$ 的现象,QPSK 信号和 OQPSK 信号的相位关系如图 2-4-5 所示。经带通滤波器后,OQPSK 信号中包络的最大值与最小值之比约为 2,不再出现比值无限大的现象,如图 2-4-6 所示,这也是 OQPSK 信号在实际信道中的功率谱特性优于 QPSK 信号的主要原因。

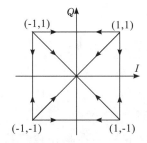

（a）QPSK 信号的相位关系

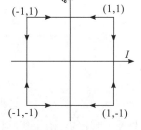

（b）OQPSK 信号的相位关系

图 2-4-5　QPSK 和 OQPSK 信号的相位关系

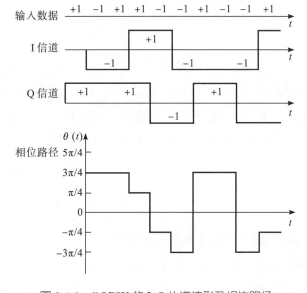

图 2-4-6　OQPSK 的 I、Q 信道波形及相位路径

OQPSK 信号的调制与解调原理框图如图 2-4-7 所示,OQPSK 信号可以看作同相和正交两支路 BPSK 信号的叠加,因此,其功率谱与 QPSK 的形状相同。

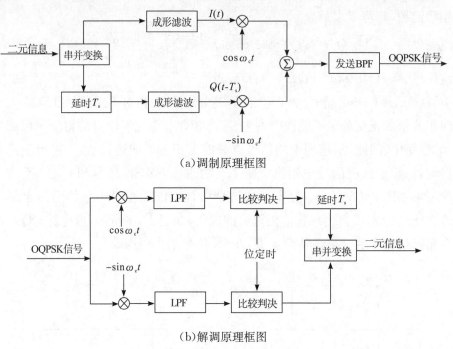

(a)调制原理框图

(b)解调原理框图

图 2-4-7　OQPSK 信号的调制与解调原理框图

在 QPSK/OQPSK 相干解调中,恢复载波时同样存在相位模糊度问题。与 BPSK 调相时一样,对于四进制调相也要采用相对调相的方法。对输入的二进制信息进行串并变换时,同时进行逻辑运算,将其编为多进制差分码,然后再进行绝对调相。解调时,可以采用相干解调和差分译码的方法,也可采用差分相干解调(即延迟解调)的方法。

QPSK 信号和 OQPSK 信号均采用相干解调,理论上,它们的误码性能相同。由于频带受限的 OQPSK 信号包络起伏比频带受限的 QPSK 信号小,经限幅放大后功率谱展宽得少,所以 OQPSK 的性能优于 QPSK。在实际中,OQPSK 比 QPSK 的应用更广泛,但是 OQPSK 信号不能接受差分检测,接收机的设计会比较复杂。

【实验框图】

1. QPSK/OQPSK 数字调制实验框图及说明

如图 2-4-8 所示,数字 QPSK 调制和 OQPSK 数字调制的实验框图大体一致,基带信号通过串并变换分为 I 路和 Q 路两路,再分别与 256 kHz 载波和 256 kHz 反相载波进行相乘,最后叠加合成得到。二者的不同点在于 QPSK 和 OQPSK 在串并变换时的输出数据不同,QPSK 调制可以看作是两路 BPSK 信号的叠加,两路 BPSK 的基带信号分别是原基带信号的奇数位和偶数位,两路 BPSK 信号的载波频率相同,相位相差 90°。因此,OQPSK 与 QPSK 的区别,体现在两路 BPSK 调制基带信号的相位上,QPSK 的两路基带信号是完全对齐的,OQPSK 的两路基带信号相差半个时钟周期。

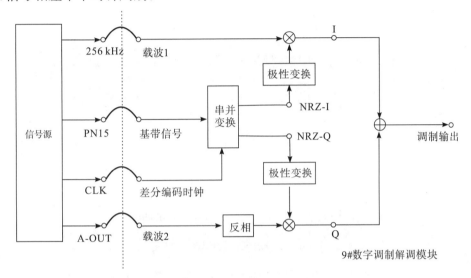

图 2-4-8　QPSK/OQPSK 数字调制实验框图

2. QPSK/OQPSK 无线电调制与解调框图及说明(选做)

QPSK/OQPSK 无线电调制与解调实验框图如图 2-4-9 所示。QPSK/OQPSK 无线电调制实验框图中,基带信号经过串并变换处理,输出 NRZ-I 和 NRZ-Q 两路信号,然后分别经过极性变换处理,形成 I-OUT 和 Q-OUT 输出。再分别与 10.7 MHz 正交载波相乘后叠加,最后输出 QPSK/OQPSK 调制信号。QPSK/OQPSK 调制可以看作两路 BPSK 信号的叠加。两路 BPSK 的基带信号分别是原基带信号的奇数位和偶数位,两路 BPSK 信号的载波频率相同,相位相差 90°。QPSK 与 OQPSK 相比,QPSK 的两路基带信号是完全对齐的,OQPSK 的两路基带信号相差半个时钟周期。

QPSK/OQPSK 无线电解调实验框图中,接收信号分别与正交载波进行相乘,再经过低通滤波处理,然后将两路信号进行并串变换和码元判决,恢复出原始的基带信号。其中,解调所用载波是由科斯塔斯环同步电路提取并处理的相干载波。

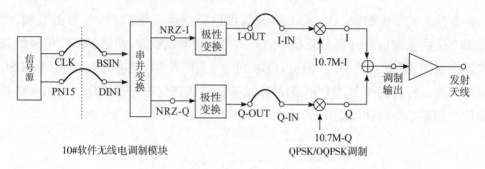

（a）QPSK/OQPSK 无线电调制框图

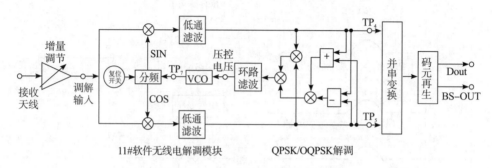

（b）QPSK/OQPSK 无线电解调框图

图 2-4-9　QPSK/OQPSK 无线电调制与解调实验框图

【实验项目】

一、QPSK/OQPSK 数字调制观测

本实验通过选择不同的调制方式，对比观测两种调制方式的星座图，验证两种调制方式的原理，从而理解两种调制方式的区别。

（1）关闭电源，按表 2-4-1 所示进行连线。

表 2-4-1　实验连线表（一）

源端口	目的端口	连线说明
信号源：PN	数字调制解调模块：TH$_1$（基带信号）	调制信号输入
信号源：A-OUT	数字调制解调模块：TH$_{14}$（载波 1）	载波 1 输入
信号源：256 kHz	数字调制解调模块：TH$_3$（载波 2）	载波 2 输入
信号源：CLK	数字调制解调模块：TH$_2$（差分编码时钟）	调制时钟输入

（2）打开电源，设置主控菜单，选择"主菜单"→"通信原理"→"QPSK/OQPSK 数字调制"。将数字调制解调模块（9 号模块）的 S$_1$ 拨为"1011"。调节信号源模块的 W$_1$，使 A-OUT 输出信号的峰-峰值为 3 V，调节 W$_3$，使 256 kHz 载波输出的峰-峰值为 3 V。

(3)此时系统初始状态:PN 序列输出频率 32 kHz,256 kHz 载波信号的峰-峰值为 3 V。

(4)实验操作及波形观测。

①示波器 CH₁ 接数字调制解调模块(9 号模块)的 TH₁ 基带信号,CH₂ 接数字调制解调模块的 TH₄ 调制输出,以 CH₁ 为触发,对比观测调制输入及输出,波形见附录图 8-1。

②示波器 CH₁ 接数字调制解调模块的 TP₂(NRZ-I),CH₂ 接数字调制解调模块的 TP₉(NRZ-Q),观察 QPSK 星座图,见附录图 8-2。

③设置数字调制解调模块 S₁ 为"1111",即选择调制方式为 OQPSK,对比观测调制输入及输出,波形见附录图 8-3。重复上述步骤,观察 OQPSK 星座图,见附录图 8-4。根据波形分析 QPSK 与 OQPSK 的区别。

二、QPSK 无线电调制(选做)

本实验目标是观测 QPSK 无线电调制信号的时域或频域波形,了解调制信号产生的原理及成形波形的星座图。

(1)关闭电源,按表 2-4-2 所示进行连线。

表 2-4-2　实验连线表(二)

源端口	目的端口	连线说明
信号源:PN	软件无线电调制模块:TH₃(DIN₁)	信号输入
信号源:CLK	软件无线电调制模块:TH₁(BSIN)	时钟输入
软件无线电调制模块:TH₇(I-OUT)	软件无线电调制模块:TH₆(I-IN)	I 路成形信号加载频
软件无线电调制模块:TH₉(Q-OUT)	软件无线电调制模块:TH₈(Q-IN)	Q 路成形信号加载频

(2)打开电源,设置主控菜单,选择"主菜单"→"通信原理"→"QPSK/OQPSK 数字调制"→"选配 10、11 号模块"→"QPSK 星座图观测及'硬调制'"。

(3)此时系统初始状态:PN 序列输出频率 16 kHz,载频为 10.7 MHz。

(4)实验操作及波形观测。

①示波器探头 CH₁ 接软件无线电调制模块(10 号模块)的 TP₈(NRZ-I),CH₂ 接软件无线电调制模块的 TP₉(NRZ-Q),观测基带信号经过串并变换后输出的两路波形,波形见附录图 8-5。

②示波器探头 CH₁ 接软件无线电调制模块的 TP₈(NRZ-I),CH₂ 接软件无线电调制模块的 TH₇(I-OUT),用直流耦合对比观测 I 路信号成形前后的波形,波形见附录图 8-6。

③示波器探头 CH₁ 接软件无线电调制模块的 TP₉(NRZ-Q),CH₂ 接软件无

线电调制模块的 TH_9(Q-OUT)，用直流耦合对比观测 Q 路信号成形前后的波形，波形见附录图 8-7。

④示波器探头 CH_1 接软件无线电调制模块的 TH_7(I-OUT)，CH_2 接软件无线电调制模块的 TH_9(Q-OUT)，调节示波器为 XY 模式，观察 QPSK 星座图，见附录图 8-8。

⑤示波器探头 CH_1 接软件无线电调制模块的 TH_7(I-OUT)，CH_2 接软件无线电调制模块的 TP_3(I)，对比观测 I 路成形波形的载波调制前后的波形，波形见附录图 8-9。

⑥示波器探头 CH_1 接软件无线电调制模块的 TH_9(Q-OUT)，CH_2 接软件无线电调制模块的 TP_4(Q)，对比观测 Q 路成形波形的载波调制前后的波形，波形见附录图 8-10。

⑦示波器探头 CH_1 接软件无线电调制模块的 TP_1，观测 I 路和 Q 路加载频后的叠加信号，即 QPSK 调制信号，波形和频谱见附录图 8-11。

注：适当调节电位器 W_1 和 W_2，使 I、Q 两路载频振幅相同且最大程度不失真。

三、QPSK 无线电解调(选做)

本实验是对比观测 QPSK 无线电解调信号和原始基带信号的波形，了解 QPSK 相干解调的实现方法。

(1)关闭电源，保持上述 QPSK 无线电调制实验中的连线不变，继续按表 2-4-3所示进行连线。

表 2-4-3　实验连线表(三)

源端口	目的端口	连线说明
软件无线电调制模块：P_1(调制输出)	软件无线电解调模块：P_1(解调输入)	已调信号送入解调端

(2)打开电源，设置主控菜单，选择"主菜单"→"通信原理"→"QPSK/OQPSK 数字调制"→"选配 10、11 号模块"→"QPSK 星座图观测及'硬调制'"。

(3)此时系统初始状态：PN 序列输出频率 16 kHz，载频为 10.7 MHz。

(4)实验操作及波形观测。

①示波器探头 CH_1 接软件无线电调制模块(10 号模块)的 TH_3(DIN_1)，CH_2 接软件无线电解调模块(11 号模块)的 TH_4(Dout)，适当调节软件无线电解调模块压控偏置电位器 W_1 来改变载波相位，对比观测原始基带信号和解调输出信号的波形，波形见附录图 8-12。

②示波器探头 CH_1 接软件无线电调制模块的 TH_1(BSIN)，CH_2 接软件无线电解调模块的 TH_5(BS-OUT)，对比观测原始时钟信号和解调恢复时钟信号的波

形,波形见附录图8-13。

③示波器探头 CH$_1$ 接软件无线电调制模块的 TP$_8$(NRZ-I),CH$_2$ 接软件无线电解调模块的 TP$_4$,对比观测原始 I 路信号与解调后 I 路信号的波形,波形见附录图 8-14(a)。

④示波器探头 CH$_1$ 接软件无线电调制模块的 TP$_9$(NRZ-Q),CH$_2$ 接软件无线电解调模块的 TP$_5$,对比观测原始 Q 路信号与解调后 Q 路信号的波形,波形见附录图 8-14(b)。

注:有兴趣或需要巩固调制原理知识的同学可以选择设置主菜单"QPSK/OQPSK 数字调制"→"选配 10、11 号模块"中的"QPSK I 路调制信号观测""QPSK Q 路调制信号观测"以及"QPSK 调制信号观测",分别观测载频为 256 kHz 的 I 路调制信号波形、Q 路调制信号波形以及 QPSK 调制信号波形,输出测试点均为 I-OUT。

四、OQPSK 无线电调制与解调(选做)

(1)保持 QPSK 无线电调制实验中的连线不变,与上述 QPSK 调制与解调的连线说明相同。

(2)打开电源,设置主控菜单,选择"主菜单"→"通信原理"→"QPSK/OQPSK 数字调制"→"选配 10、11 号模块"→"OQPSK 星座图观测及'硬调制'"。参考 QPSK 无线电调制与解调实验的步骤,观测模块中的相关测试点,了解 OQPSK 调制与解调的相关内容。

(3)实验操作及波形观测。

①示波器探头 CH$_1$ 接软件无线电调制模块(10 号模块)的 TP$_8$(NRZ-I),CH$_2$ 接软件无线电调制模块的 TP$_9$(NRZ-Q),观测基带信号经过串并变换后输出的两路波形,波形见附录图 8-15。

②示波器探头 CH$_1$ 接软件无线电调制模块的 TP$_8$(NRZ-I),CH$_2$ 接软件无线电调制模块的 TH$_7$(I-OUT),用直流耦合对比观测 I 路信号成形前后的波形,波形见附录图 8-16。

③示波器探头 CH$_1$ 接软件无线电调制模块的 TP$_9$(NRZ-Q),CH$_2$ 接软件无线电调制模块的 TH$_9$(Q-OUT),用直流耦合对比观测 Q 路信号成形前后的波形,波形见附录图 8-17。

④示波器探头 CH$_1$ 接软件无线电调制模块的 TH$_7$(I-OUT),CH$_2$ 接软件无线电调制模块的 TH$_9$(Q-OUT),调节示波器为 XY 模式,观察 OQPSK 星座图,见附录图 8-18。

思考:对比 QPSK 无线电调制,从星座图角度分析 QPSK 与 OQPSK 的最大相位跳变有何不同。

【实验报告】

(1)分析 OQPSK 与 QPSK 的调制结果,进而分析其原理有何区别。

(2)结合实验波形分析实验电路的工作原理,简述其工作过程。

2.5 时分复用通信系统综合实验

【实验目的】

(1)掌握时分复用的概念及其工作原理。

(2)了解时分复用在整个通信系统中的作用。

【实验内容】

(1)观测 256 kHz 帧同步信号及其时分复用输出波形。

(2)将模拟信号经 PCM 编码后再进行时分复用解复用传输。

【实验器材】

(1)主控和信号源模块	1块
(2)PCM 编译码及语音终端模块(21 号模块)	1块
(3)数字终端和时分多址模块(2 号模块)	1块
(4)时分复用和时分交换模块(7 号模块)	1块
(5)载波同步及位同步模块(13 号模块)	1块
(6)双踪示波器	1台
(7)连接线	若干

【实验原理】

1. 时分复用原理

复用的目的是扩大通信链路的容量,实现多路通信。时分复用(time-division multiplexing,TDM)就是一种重要的复用方法,它应用于数字通信系统,比频分复用的应用更为广泛。

时分复用建立在抽样定理基础上,可实现信道资源的有效利用。抽样定理使连续的基带信号可以被时间上离散的抽样脉冲所代替,当抽样脉冲占据时间较短时,在抽样脉冲之间就留出了时间空隙,利用这些空隙便可以传输其他信号的抽样值,实现用一条信道同时传送若干路基带信号,并且每一个抽样值占用的时间越短,能够传输的路数也就越多。对时间上复用在一起的合路信号,在接收端只要适当地按时序进行分离,各路信号就能分别得到恢复。

时分复用通信系统有两个突出的优点:一是多路信号的合路与分路都是数字电路,简单、可靠;二是时分复用通信系统对非线性失真的要求比较低。但是,时分复用系统对信道中时钟相位抖动、接收端与发送端的时钟同步问题也提出了较高的要求。所谓同步,是指接收端能正确地从数据流中识别各路序号,为此,必须在每帧内加上标志信号(即帧同步信号),它可以是一组特定的码组,也可以是特定宽度的脉冲。在实际通信系统中,还必须传递信令以建立通信连接,如传送电话通信中的占线、摘机与挂机信号以及振铃信号等信令。

上述所有信号都是按时间分割的,可以利用各路信号在信道上不同时间位置的特征来分开各路信号,这是时分复用的典型特征。这种结构被称为帧结构,具体来说,就是把时间分成均匀的时间间隔,将各路信号的传输时间分配在不同的时间间隔内,以达到互相分开的目的。

2. 几个重要概念

(1)帧:在 T_s 时间内,各路信号顺序只出现一次,形成了时分复用合路信号,这个时间称为帧。

(2)帧周期:抽样时各路每轮一次的总时间称为帧周期,即一个抽样周期(语音系统 $T_s = 125\ \mu s$)。

(3)时隙:一帧中,每路信号允许占用的时间长度称为时隙,即在合路的 PAM 信号中,每个样值所允许占用的时间长度。

国际上已逐步建立采用时分复用的数字通信系统标准。原则上,是把一定路数的电话语音复合成一个标准数据流,称为基群,然后再把基群数据流采用同步或准同步数字复接技术,汇合成更高速的数据信号,复接后的序列按传输速率不同分别成为一次群、二次群、三次群、四次群等。

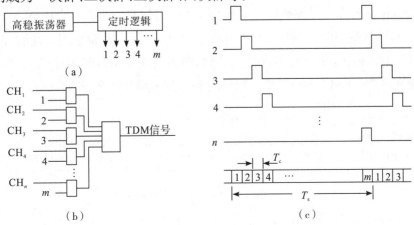

图 2-5-1 时分复用结构示意图

图 2-5-1 为 m 路信号复用为一帧的结构示意图,每路信号的抽样周期(帧周期)为 T_s,则该时分复用系统的路时隙、位时隙以及基群数码率分别为

①路时隙:每路信号占的时间,$T_c = \dfrac{T_s}{m}$。

②位时隙:1 bit 码占的时间,$T_b = \dfrac{T_c}{n}$。

③数码率:$R_b = \dfrac{1}{T_b} = \dfrac{n}{T_c} = \dfrac{m \times n}{T} = f_s \times m \times n$。

其中,n 为编码位数;T_s 为抽样周期;m 为复用路数;f_s 为抽样频率。

【**实验框图**】

1. 时分复用及解复用传输框图

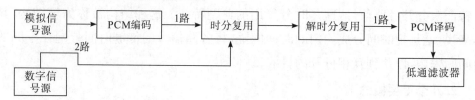

图 2-5-2　时分复用及解复用框图

以四路信号时分复用传输为例(含两路用户数据),如图 2-5-2 所示,模拟信号源经 PCM 编码后输出 PCM 编码数据,PCM 编码数据和数字信号源模块的数据经过时分复用、解时分复用模块进行 256 kHz 时分复用和解复用。PCM 编译码数据和数字信号源数据分别通过第 1 路和第 2 路数据输入端口进行复用,解复用1 路信号送入相应的 PCM 译码单元和低通滤波器模块恢复出模拟信号。时分复用是将整个信道传输信息的时间划分为若干时隙,并将这些时隙分配给每个端口的信号源进行使用。解复用的过程是先提取帧同步,然后将 1 帧数据缓存下来,按时隙将帧数据解开,最后,每个端口获取自己时隙的数据进行输出。

在四路(256 kHz)时分复用及解复用模式下,复用数据 1 帧共 4 个时隙,复用帧结构为:第 0 时隙是巴克码帧头,第 1～3 时隙是数据时隙。其中,第 1 时隙输入的为 PCM 数据,第 2 时隙输入的为数字信号源,第 3 时隙空闲。此时,时分复用输出信号的速率是输入信号速率的 4 倍,时分复用输出信号每一帧由 32 bit 数据(每帧含 4 路,每路 8 bit)组成。四路时分复用帧结构如图 2-5-3 所示。

图 2-5-3　四路时分复用帧结构(帧率为 32 bit/帧)

在 2048 kHz 时分复用及解复用模式下,复用数据 1 帧共 32 个时隙,复用帧结构为:第 0 时隙数据为巴克码帧头,第 1~4 时隙数据分别为第 1 路数据输入、第 2 路数据输入、第 3 路数据输入、第 4 路数据输入端口的数据,数据时隙位置可更改。此时,时分复用输出信号的速率是输入信号速率的 32 倍,时分复用输出信号每一帧由 256 bit 数据(每帧含 32 路,每路 8 bit)组成,32 路时分复用帧结构如图 2-5-4 所示。

图 2-5-4　32 路时分复用帧结构(帧率为 256bit/帧)

2. 四路时分复用与解复用实验框图及说明

四路时分复用实验框图如图 2-5-5 所示,四路解复用实验框图如图 2-5-6 所示。PCM 编译码及语音终端模块的 PCM 数据、数字终端和时分多址模块的数字终端数据,经过时分复用和时分交换模块进行 256 kHz 时分复用和解复用后,送入相应的 PCM 译码单元以及数字终端和时分多址模块。时分复用的过程是先将各路输入变为并行数据,然后按端口数据所在的时隙进行帧的拼接,变成一个完整的数据帧,最后进行并串变换将数据输出。解复用的过程是先提取帧同步,然后将一帧数据缓存下来,接着按时隙将帧数据解开,最后,每个端口获取自己时隙的数据,进行并串变换输出。

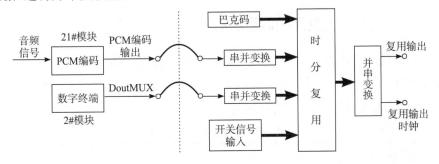

图 2-5-5　四路时分复用实验框图

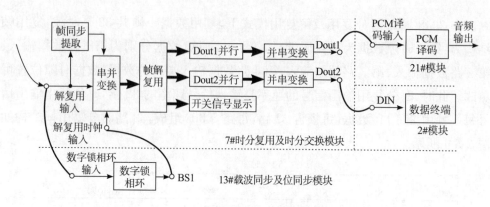

图 2-5-6 四路解复用实验框图

注:实验框图中 21#模块和 2#模块的相关连线有所简略,具体参考实验步骤中所述内容。

在进行 256 kHz 时分复用与解复用时,复用帧结构为:第 0 时隙是巴克码帧头,第 1~3 时隙是数据时隙。其中,第 1 时隙输入的为数字信号源,第 2 时隙输入的为 PCM 数据,第 3 时隙为由时分复用和时分交换模块自带的拨码开关 S_1 的码值数据。

对于 2048 kHz 时分复用和解复用实验,其实验框图与 256 kHz 时分复用和解复用实验框图基本一致。

【实验项目】

一、256 kHz 时分复用帧信号观测

该实验是通过观测 256 kHz 帧同步信号及时分复用输出波形,了解时分复用的基本原理。

(1)关闭电源,按表 2-5-1 所示进行连线。

表 2-5-1 实验连线表(一)

源端口	目的端口	连线说明
信号源:FS	时分复用和时分交换模块:TH_{11}(FSIN)	帧同步输入

(2)打开电源,设置主控菜单,选择"主菜单"→"通信原理"→"时分复用"→"复用速率 256 kHz"。

(3)此时系统初始状态:复用速率为 256 kHz,时分复用和时分交换模块(7 号模块)的复用信号只有 4 个时隙,其中第 0、1、2、3 时隙输出数据分别为巴克码、DIN_1、DIN_2、开关 S_1 拨码信号。

(4)实验操作及波形观测。

①帧同步码观测。用示波器探头接时分复用和时分交换模块（7 号模块）的 TH_{10} 复用输出，波形见附录图 9-1，观测帧头的巴克码，帧头码字如表 2-5-2 所示。

表 2-5-2 帧头巴克码码字

记录	波形
巴克码	01110010

注：为方便记录巴克码波形，可先将时分复用和时分交换模块上的拨码开关 S_1 全置为"0"，使整个复用中只有帧同步信号（帧头）。

②帧内 PN 序列信号观测。关闭电源，继续连线，将信号源的 PN 连接到时分复用和时分交换模块的 DIN_1，即将 PN15 送至第 1 时隙。通电，用示波器探头接时分复用和时分交换模块的 TH_{10} 复用输出，波形见附录图 9-2，需要用数字示波器的存储功能观测 4 个周期中第 1 时隙的信号，将实验结果记录在表 2-5-3 中。

表 2-5-3 实验波形观测表（一）

记录	波形
复用 PN 序列	

思考：PN15 序列的数据是如何分配到复用信号中的？

二、256 kHz 时分复用及解复用

该实验是将模拟信号通过 PCM 编码后，送到时分复用单元，再经过解复用输出，最后译码输出。

（1）关闭电源，按表 2-5-4 所示进行连线。

表 2-5-4 实验连线表（二）

源端口	目的端口	连线说明
信号源：T_1	PCM 编译码及语音终端模块：TH_1（主时钟）	提供芯片工作主时钟
信号源：FS	时分复用和时分交换模块：TH_{11}（FSIN）	帧同步输入
信号源：FS	PCM 编译码及语音终端模块：TH_9（编码帧同步）	
信号源：CLK	PCM 编译码及语音终端模块：TH_{11}（编码时钟）	位同步输入
信号源：A-OUT	PCM 编译码及语音终端模块：TH_5（音频输入）	模拟信号输入
PCM 编译码及语音终端模块：TH_8（PCM 编码输出）	时分复用和时分交换模块：TH_{14}（DIN_2）	PCM 编码输入

源端口	目的端口	连线说明
时分复用和时分交换模块：TH_{10}(复用输出)	时分复用和时分交换模块：TH_{18}(解复用输入)	时分复用输入
时分复用和时分交换模块：TH_{10}(复用输出)	载波同步及位同步模块：TH_7(数字锁相环输入)	锁相环提取位同步
载波同步及位同步模块：TH_5(BS2)	时分复用和时分交换模块：TH_{17}(解复用时钟)	
时分复用和时分交换模块：TH_7(FSOUT)	PCM编译码及语音终端模块：TH_{10}(译码帧同步)	提供译码帧同步
时分复用和时分交换模块：TH_3(BSOUT)	PCM编译码及语音终端模块：TH_{18}(译码时钟)	提供译码位同步
时分复用和时分交换模块：TH_4(Dout2)	PCM编译码及语音终端模块：TH_7(PCM译码输入)	解复用输入

(2)打开电源，设置主控菜单，选择"主菜单"→"通信原理"→"时分复用"→"复用速率256 kHz"。将载波同步及位同步模块(13号模块)的 S_3 拨为"0100"。将 PCM 编译码及语音终端模块(21号模块)的开关 S_1 拨至"A-LAW"或"μ-LAW"。

(3)此时系统初始状态：复用时隙速率为256 kHz，时分复用和时分交换模块(7号模块)的复用信号只有4个时隙，其中，第0、1、2、3时隙输出数据分别为巴克码、DIN_1、DIN_2、开关 S_1 拨码信号。信号源 A-OUT 输出1 kHz 的正弦波，振幅由 W_1 调节(频率和振幅参数可根据主控模块操作说明进行调节)，从时分复用和时分交换模块的 DIN_2 端口送入 PCM 数据。正常情况下，时分复用和时分交换模块的"同步"指示灯亮。

注：若发现"失步"或"捕获"指示灯亮，应先检查连线或拨码是否正确，再逐级检测数据或时钟是否正常。

(4)实验操作及波形观测。

①帧内 PCM 编码信号观测。将 PCM 信号输入 DIN_2，观测 PCM 数据，波形见附录图9-3和图9-4。以帧同步为触发分别观测 PCM 编码数据和复用输出的数据，记入表2-5-5中。

表2-5-5　实验波形观测表(二)

记录	波形
复用 PCM 数据	

注:PCM 复用后会有两帧的延时。

思考:PCM 数据是如何分配到复用信号中去的?

②解复用帧同步信号观测。PCM 对正弦波进行编译码,观测时分复用输出与 FSOUT,波形见附录图 9-5,分析帧同步上跳沿与帧同步信号的时序关系。

③解复用 PCM 信号观测。对比观测时分复用前与解复用后的 PCM 序列,波形见附录图 9-6,对比观测 PCM 编译码前后的正弦波信号,将实验结果记录在表 2-5-6 中。

表 2-5-6　实验波形观测表(三)

记录	波形
时分复用前的 PCM 序列	
解复用后的 PCM 序列	
PCM 编码前的波形	
PCM 译码后的波形(PCM 编译码及语音终端模块:音频接口)	

有兴趣的同学可以将信号源换成耳机的音频输出,然后进行实验,感受语音效果。操作方法:将信号源 A-OUT 与 PCM 编译码及语音终端模块的音频输入端口连线改换成 PCM 编译码及语音终端模块的话筒输出,连接 PCM 编译码及语音终端模块的音频输入,再将 PCM 编译码及语音终端模块的音频输出连接 PCM 编译码及语音终端模块的耳机输入,最后插上耳机,即可感受语音传输效果。

三、2048 kHz 时分复用及解复用

该实验是设置菜单复用速率为 2048 kHz,实验观测的过程同 256 kHz 的时分复用及解复用实验。

(1)实验连线与 256 kHz 时分复用及解复用的实验相同。

(2)打开电源,设置主控菜单,选择"主菜单"→"通信原理"→"时分复用"→"复用速率 2048 kHz"。将载波同步及位同步模块(13 号模块)的 S_3 拨为"0001"。将 PCM 编译码及语音终端模块(21 号模块)的开关 S_1 拨至"A-LAW"或"μ-LAW"。

(3)此时系统初始状态:复用时隙速率为 2048 kHz,时分复用和时分交换模块(7 号模块)的复用信号共有 32 个时隙;第 0 时隙数据为巴克码,第 1~4 时隙数据分别为 DIN_1、DIN_2、DIN_3、DIN_4 端口的数据,开关 S_1 拨码信号初始分配在第 5 时隙,通过主控可以设置时分复用和时分交换模块拨码开关 S_1 数据的所在时隙位置。此时信号源 A-OUT 输出 1 kHz 的正弦波,振幅由 W_1 调节(频率和振幅参数可根据主控模块操作说明进行调节),PCM 数据送至时分复用和时分交换模块的 DIN_2 端口。

(4)实验操作及波形观测。

①以帧同步信号作为触发,用示波器观测 2048 kHz 时的时分复用输出信号。改变时分复用和时分交换模块(7 号模块)的拨码开关 S_1,观测时分复用输出中信号的变化情况。复用信号中,第 5 时隙的 8 位码元和开关 S_1 的码值一致。

②在主控菜单中选择"第 5 时隙加"和"第 5 时隙减",观测拨码开关 S_1 对应数据在复用输出信号中的所在帧位置变化情况。

③用示波器对比观测信号源 A-OUT 和 PCM 编译码及语音终端模块(21 号模块)的音频输出,观测信号的恢复情况。

④将信号源 A-OUT 改变成 MUSIC 信号或者 PCM 编译码及语音终端模块的话筒输出,将 PCM 译码的音频输出端接至扬声器或耳机输出端,体会传输效果。

【实验报告】

(1)画出各测试点波形,并分析实验现象。

(2)分析电路的工作原理,叙述其工作过程。

2.6 HDB$_3$ 线路编码通信系统综合实验

【实验目的】

(1)熟悉 HDB$_3$ 编译码器在通信系统中的位置及其发挥的作用。

(2)熟悉 HDB$_3$ 通信系统的系统框架。

【实验内容】

(1)加深理解 HDB$_3$ 线路编译码原理。

(2)掌握模拟信号经 PCM 编译码后经时分多路复用,再经 HDB$_3$ 线路码型变换后传输的通信系统框架。

【实验器材】

(1)主控和信号源模块	1 块
(2)PCM 编译码及语音终端模块(21 号模块)	1 块
(3)数字终端和时分多址模块(2 号模块)	1 块
(4)时分复用和时分交换模块(7 号模块)	1 块
(5)基带传输编译码模块(8 号模块)	1 块
(6)载波同步及位同步模块(13 号模块)	1 块
(7)双踪示波器	1 台

(8)连接线　　　　　　　　　　　　　　　　　若干

【实验框图】

　　HDB₃ 线路编码通信系统实验框图如图 2-6-1 所示。信号源输出音乐信号
(MUSIC),经过 PCM 编译码及语音终端模块进行 PCM 编码,与数字终端和时分
多址模块的拨码信号一起送入时分复用和时分交换模块,进行时分复用,然后通
过基带传输编译码模块进行 HDB₃ 编码,编码输出信号再送回基带传输编译码模
块进行 HDB₃ 译码。其中,译码时钟用载波同步及位同步模块的滤波法位同步提
取,输出信号再送入时分复用和时分交换模块进行解复用,恢复的两路数据分别
送到 PCM 编译码及语音终端模块的 PCM 译码单元、数字终端和时分多址模块
的光条显示单元,之后便可以从扬声器中听到原始信号源音乐信号,并可以从光
条中看到原始拨码信号。

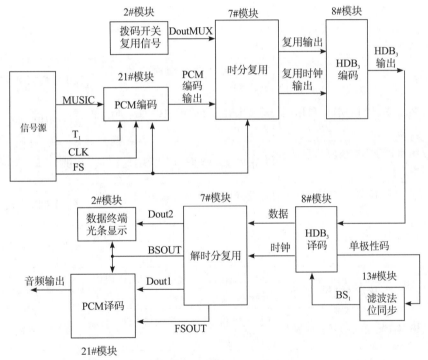

图 2-6-1　HDB₃ 线路编码通信系统实验框图

　　注:图 2-6-1 中所示连线有所省略,具体连线操作按实验步骤说明进行。

【实验项目】

　　本实验主要为了让学生理解 HDB₃ 线路编译码以及时分复用等知识点,加深
对以上两个知识点的认识和掌握,同时,能对实际信号的传输系统建立起简单的

框架。

(1)关闭电源,按表 2-6-1 所示进行连线。

表 2-6-1　实验连线表

源端口	目的端口	连线说明
信号源:T_1	PCM 编译码及语音终端模块:TH_1(主时钟)	提供芯片工作主时钟
信号源:MUSIC	PCM 编译码及语音终端模块:TH_5(音频输入)	提供编码信号
信号源:FS	PCM 编译码及语音终端模块:TH_9(编码帧同步)	提供编码帧同步信号
信号源:CLK	PCM 编译码及语音终端模块:TH_{11}(编码时钟)	提供编码时钟
PCM 编译码及语音终端模块:TH_8(PCM 编码输出)	时分复用和时分交换模块:TH_{13}(DIN$_1$)	复用 1 路输入
数字终端和时分多址模块:TH_1(DoutMUX)	时分复用和时分交换模块:TH_{14}(DIN$_2$)	复用 2 路输入
信号源:FS	时分复用和时分交换模块:TH_{11}(FSIN)	提供复用帧同步信号
时分复用和时分交换模块:TH_{10}(复用输出)	基带传输编译码模块:TH_3(编码输入)	进行 HDB$_3$ 编码
时分复用和时分交换模块:TH_{12}(复用时钟输出)	基带传输编译码模块:TH_4(时钟)	提供 HDB$_3$ 编码时钟
基带传输编译码模块:TH_1(HDB$_3$ 输出)	基带传输编译码模块:TH_7(HDB$_3$ 输入)	进行 HDB$_3$ 译码
基带传输编译码模块:TH_5(单极性码)	载波同步及位同步模块:TH_3(滤波法位同步输入)	滤波法位同步提取
载波同步及位同步模块:TH_4(BS$_1$)	基带传输编译码模块:TH_9(译码时钟输入)	提取位时钟进行译码
基带传输编译码模块:TH_{12}(时钟)	时分复用和时分交换模块:TH_{17}(解复用时钟)	解复用时钟输入
基带传输编译码模块:TH_{13}(数据)	时分复用和时分交换模块:TH_{18}(解复用数据)	解复用数据输入
时分复用和时分交换模块:TH_7(FSOUT)	PCM 编译码及语音终端模块:TH_{10}(译码帧同步)	提供 PCM 译码帧同步
时分复用和时分交换模块:TH_{19}(Dout1)	PCM 编译码及语音终端模块:TH_7(PCM 译码输入)	提供 PCM 译码数据
时分复用和时分交换模块:TH_4(Dout2)	数字终端和时分多址模块:TH_{13}(DIN)	信号输入至数字终端

续表

源端口	目的端口	连线说明
时分复用和时分交换模块：TH_3（BSOUT）	数字终端和时分多址模块：TH_{12}（BSIN）	数字终端时钟输入
时分复用和时分交换模块：TH_3（BSOUT）	PCM 编译码及语音终端模块：TH_{18}（译码时钟）	提供 PCM 译码时钟
PCM 编译码及语音终端模块：TH_6（音频输出）	PCM 编译码及语音终端模块：TH_{12}（音频输入）	信号输入至音频播放

（2）打开电源，设置主控菜单，选择"主菜单"→"通信原理"→"HDB_3 线路编码通信系统综合实验"。可以在"信号源"菜单中更改输出音乐信号（音乐信号可选音乐 1 和音乐 2）。将载波同步及位同步模块（13 号模块）的拨码开关 S_4 设置为"1000"，开关 S_2 拨为"滤波器法位同步"。将 PCM 编译码及语音终端模块（21号模块）的开关 S_1 拨至"A-LAW"或"μ-LAW"。

（3）主控和信号源模块设置成功后，可以观察到时分复用和时分交换模块（7号模块）的同步指示灯亮，FS 为模式 1。

（4）将数字终端和时分多址模块（2 号模块）的拨码开关 S_1 拨为"01110010"，可以从数字信号接收显示的三个光条中观察到输入的数字信号，拨动拨码开关 S_2、S_3 和 S_4，验证输入数字信号与输出数字信号。

（5）以上连线选择的是 HDB_3 的编译码传输方式，学生可以自行使用其他的编码方式，对比两种传输有何不同。

（6）本实验采用的是 PCM 编译码对语音信号进行抽样量化，学生也可自行设计实验，或使用其他的信源编译码方式进行信源编码。

（7）可以自行将音乐信号改换成话筒输出信号，通过耳机感受话音传输效果。

【实验报告】

（1）叙述 HDB_3 编译码在通信系统中的作用及对通信系统的影响。

（2）整理信号在传输过程中各点的波形。

基于软件无线电的创新设计实验

3.1 软件无线电创新实训平台简介

软件无线电创新实训平台是以现代通信理论为基础,以数字信号处理为核心,既可与图形化仿真工具配套使用,又能与 GNU Radio、MATLAB 等第三方软件定义的无线电(software defined radio,SDR)仿真软件的开发环境互联互通,不仅可以用于验证通信理论知识点的原理,还可以进行模块化算法研究,支持软硬件联合仿真设计,支持自主设计多种实际的通信系统或进行科研创新,可广泛应用于雷达、卫星通信、基站系统、电子对抗等通信场景。

3.1.1 软件无线电创新实训平台硬件

软件无线电创新实训平台采用 AD9361 射频单元作为射频前端,并搭载 ZYNQ 系列 FPGA,支持 FPGA 算法开发设计,提供天线收发接口、GPIO 扩展接口、高速 A/D 输入端口和 D/A 输出端口、JTAG 下载口、调试接口、可扩展的光接口以及其他外围接口等。

1. 系统工作模式

系统工作模式为通过 USB 3.0 接口加载固件驱动的系统工作模式,即通过以太网接口进行鉴权认证,通过 USB 3.0 接口加载超高清(ultra high definition,UHD)固件驱动,此时,AD9361 射频前端数据直接通过 USB 3.0 接口送入计算机,由计算机进行数据处理。该模式主要用于计算机上的仿真软件直接通过 USB 3.0 接口与软件无线电硬件平台进行虚实结合创新开发实践,计算机上的仿真软件平台与 AD9361 射频前端互联互通,如图 3-1-1 所示。

图 3-1-1 通过 USB 3.0 接口加载固件驱动的系统工作模式

2. 平台正面板和背面板的端口及标识说明

(1)平台的正面板如图 3-1-2 所示。

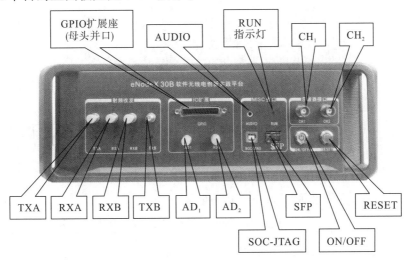

图 3-1-2 软件无线电 eNodeX 30B 正面板图示

正面板端口标识及说明如表 3-1-1 所示。

表 3-1-1 软件无线电 eNodeX 30B 正面板端口标识及说明

端口标识	说明
TXA、RXA、RXB、TXB	TXA、RXA、RXB、TXB 是 RF 射频前端的无线收发接口。其中,TXA 是第 1 路发射端口;RXA 是第 1 路接收端口;RXB 是第 2 路发射端口;TXB 是第 2 路接收端口
AD$_1$、AD$_2$	AD$_1$、AD$_2$ 是 ZYNQ 基带处理单元的两路 A/D 采样接口
CH$_1$、CH$_2$	CH$_1$、CH$_2$ 是 ZYNQ 基带处理单元的两路 D/A 输出接口
SOC-JTAG	SOC-JTAG 是 FPGA 程序下载接口
GPIO 扩展座	GPIO 扩展座采用母头并口座,可外接扩展板或转接线
AUDIO	AUDIO 是音频输入、输出接口
SFP	SFP 是预留光接口,可扩展接光模块
RESET	复位键
ON/OFF	电源开关

(2)平台的背面板如图 3-1-3 所示。

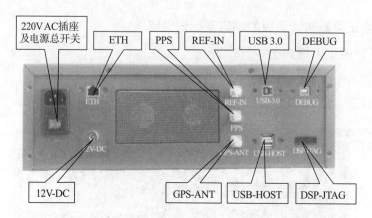

图 3-1-3　软件无线电 eNodeX 30B 背面板图示

背面板端口标识及说明如表 3-1-2 所示。

表 3-1-2　软件无线电 eNodeX 30B 背面板端口标识及说明

端口标识	说明
ETH	用于系统固件升级与射频通道控制
	ZYNQ 基带处理单元上 FPGA 引出来的功能接口,可用于 FPGA 二次开发
	ZYNQ 基带处理单元上 ARM 的以太网接口,后期可用来控制射频通道,代替 ETH 端口的控制功能,同时也可作为设备与软件的数据传输通道
PPS	PPS 是本地参考时钟输出端口。
REF-IN	REF-IN 是参考时钟输入端口,可用于多台软件无线电设备组成同步系统。如将两台软件无线电设备组成同步系统,只需将其中一台的 PPS 端口信号引入另一台的 REF-IN 端口就可以了
GPS-ANT	GPS-ANT 是软件无线电设备内部预留的 GPS 同步模块接口,这个接口为 GPS 天线预留接口
USB-HOST	USB-HOST 是 ZYNQ 基带处理单元上 ARM 引出的 USB 2.0 保留接口
USB 3.0	设备工作在 UHD 模式下,通过 USB 3.0 接口控制和传输数据,类似于 USRP
DEBUG	DEBUG 是 USB 转 232 接口,是调试接口,用于打印 ARM 启动时的启动信息
DSP-JTAG	DSP-JTAG 是设备内部预留的 DSP 扩展板接口
12V-DC	可外接直流供电
220V AC 插座及电源总开关	220 V 交流供电及电源总开关

3.1.2　软件平台

利用软件无线电创新实训平台进行软硬件联合仿真实验时,需要设置开发环境。e-LabRadio 软件平台下,通过加载各种应用算法来实现应用环境搭建,旨在通过基础的通信技术,循序渐进地扩展到对整个通信系统的认知和应用。软件采用图形化设计理念,提供丰富的通信类算法颗粒,包括信源编译码、信道编译码、数字调制及解调、高通/低通/CIC 抽取等高效滤波、数字码流变换、鉴频、立体声合成等。下面将详细介绍 e-LabRadio 仿真软件的功能及相关实验操作。

1. 开发环境搭建

待硬件设备软件无线电 eNodeX 30B 启动完毕后,打开计算机已安装的 e-LabRadio仿真软件。在登录窗口模式栏选择需要访问的实验课程,然后进行计算机的网络配置。先进入网络配置输入设备 IP,账号密码可以忽略,将"设备 IP 地址"改为实践平台硬件的 IP 地址"192.168.1.160",点击"确定",如图 3-1-4 所示。

图 3-1-4　网络配置

配置完毕后,回到 e-LabRadio 仿真软件登录窗口,点击"登录",仿真平台即完成设备认证启动。在使用仿真平台时,不要关闭软件无线电 eNodeX 30B 设备或断开设备与计算机之间的网络连接,否则,仿真平台将无法正常工作。

注:采用 eNodeX 设备认证方式,当出现"设备不存在"的报错时,应检查计算机 IP 是否和硬件设备 IP 处于同一网段,或者网线是否连接好,如若不是,设备将无法连接。

计算机的"网络配置"参考以下说明。

(1)打开网络和共享中心,如图 3-1-5 所示。

图 3-1-5　打开网络和共享中心

（2）更改适配器设置，如图 3-1-6 所示。

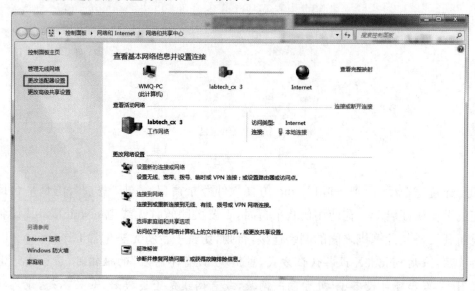

图 3-1-6　更改适配器设置

（3）找到本地连接，用鼠标右键点击"属性"，如图 3-1-7 所示。

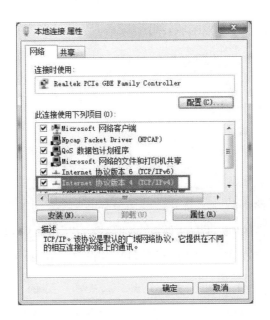

图 3-1-7　属性设置

双击"Internet 协议版本 4（TCP/IPv4）"，设置 IP 地址，具体参数如图 3-1-8 所示。

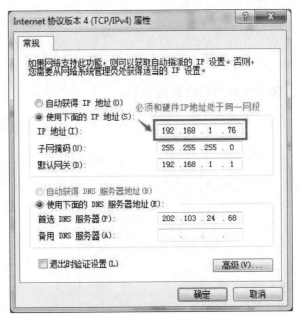

图 3-1-8　设置 IP 地址

点击"确定"，设置参数生效。

2. 新建实验文件

点击软件上的 ➕ 图标，新建一个实验区域，或者点击软件菜单栏的"文件"➝

"新建",也可以新建一个实验区域,如图 3-1-9 所示。

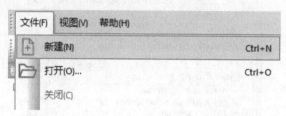

图 3-1-9　新建实验区

3. 保存实验文件

点击软件菜单栏的"文件"→"保存"或"另存为",在弹出的窗口中填写文件名称并设置文件保存位置,再点击"保存"即可,如图 3-1-10 所示。

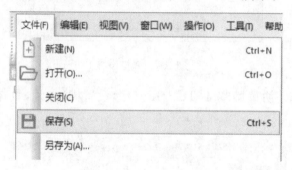

图 3-1-10　保存实验文件

4. 运行和停止实验文件的后台算法仿真

在建立并保存好实验文件后,点击软件菜单栏上的图标 ，或者点击"操作"→"运行算法",即可执行该文件的后台算法仿真,如图 3-1-11 所示。若想停止仿真,则点击菜单栏上的图标 ，或者点击"操作"→"停止算法"即可停止仿真。

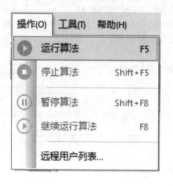

图 3-1-11　运行仿真软件

注:运行仿真之前请删除实验区域中空置的模块,防止运行报错。

5. 添加并拖拽实验功能模块或测试工具

用鼠标左键双击模块列表区中的功能模块,此时鼠标箭头变为"十"字形。移动鼠标箭头至实验区域的合适位置,再次点击鼠标左键,即可完成对所选功能模块的添加放置。实验时,可根据实际需要,自行添加所需的功能模块。

在实验区域中,用鼠标左键按住实验功能模块不放,可在实验区域中任意拖拽移动该模块,移动到合适位置后松开左键,即可完成放置。通常情况下,将模块拖拽到实验区域空白处比较好,可以避免模块之间的图层覆盖显示。

6. 删除实验功能模块

用鼠标右键单击实验区域上的功能模块,在弹出的提示窗中点击"删除模块",即可将该模块删除,或者用鼠标选中该模块,使用键盘的"Delete/Del"键删除,如图 3-1-12 所示。

图 3-1-12　删除实验功能模块

7. 连接实验功能模块

将鼠标移动到某个功能模块的"数据输出"端口,当鼠标箭头变成"十"字形时,单击鼠标左键。此时移动鼠标,可以看到从"数据输出"端口引出一根连线跟随鼠标。将鼠标移动到另一个功能模块的"数据输入"端口,单击鼠标左键,即可完成两个模块之间的连线操作。

8. 设置连线颜色、线宽参数以及删除连线

用鼠标右键单击实验区域中的某一个实验连线,可弹出该连线的参数设置窗口,如图 3-1-13 所示。

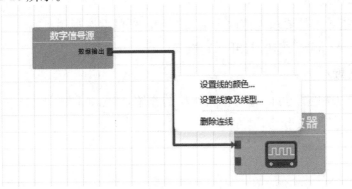

图 3-1-13　模块间连线及相关设置

(1)选择"设置线的颜色",可在颜色设置弹窗中选择合适的颜色,点击"确定"即可完成设置。

(2)选择"设置线宽及线型",可在线宽设置弹窗中调整线的宽度,点击"确定"即可完成设置。

(3)选择"删除连线",即可删除该连线。

注:在后台算法仿真停止状态下,才能进行删除实验连线操作。

9. 虚拟示波器的使用

双击 就可以进入示波器的主界面 ,示波器上相应旋钮及按键(位移、振幅、时间挡位等)的操作方式同真实的示波器。

常见信号观测方法有稳定 PN 序列观测、眼图观测和星座图观测。

(1)稳定 PN 序列观测。

①先将 PN 序列连接至示波器的第一通道。

②点击操作面板右侧"Trigger"区域的"Setup"按钮 ,确认信源显示为 CH_1 后,用鼠标右键点击"LEVEL",可以一键设置触发电平为 50%,使触发电平处于 PN 序列的中间位置。

③点击"Setup"按钮后,再点击示波器显示屏下面一排无标识的按钮中顺位第 4 个按钮,使释抑时间处于可调整状态 。

④旋转"Intensity Adjust"按钮 ,直至 PN 序列能够稳定显示。

(2)眼图观测。

① 按照实验指导书的要求将时钟信号连接至示波器的第一通道,眼图观测点连接至第二通道。

②点击"DISPLAY"按钮,然后点击余辉对应的按钮,将余辉开启。

(3)星座图观测。

①按照指导书的要求连接两个端口至示波器的两个通道上。

②点击"Acquire"按钮,打开 XY 格式。

10. 算法颗粒

双击"算法颗粒",可以查看算法颗粒的介绍,如图 3-1-14 所示。

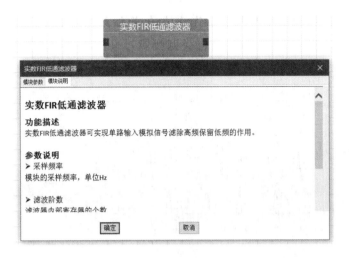

图 3-1-14　查看算法颗粒介绍

3.2　软件无线电设备认知实验

【实验目的】

(1)了解 I-Q 调制解调方式以及数字通信发射机和接收机的概念。

(2)了解射频前端 AD9631 的工作原理及其与 e-LabRadio 之间的通信方式。

(3)了解软件平台对接收到的数据的处理过程以及数据发射过程。

【实验内容】

(1)学会使用数据存储器及数据读取器。

(2)完成正弦波信号的存储与收发。

【实验器材】

(1)软件无线电 eNodeX 30B　　　　　　　　　　　1 台

(2)计算机(含 e-LabRadio 软件)　　　　　　　　1 台

(3)交换机　　　　　　　　　　　　　　　　　　1 台

(4)网线　　　　　　　　　　　　　　　　　　　若干

(5)USB 3.0 数据线　　　　　　　　　　　　　　1 根

【实验原理】

1. 数字调制和矢量调制

数字调制是指数字状态由载波相对相位和(或)振幅表示的一种调制。数字调制按照调制(基带)信号的振幅变化成比例地改变载波的振幅、频率或相位,如图 3-2-1 所示。

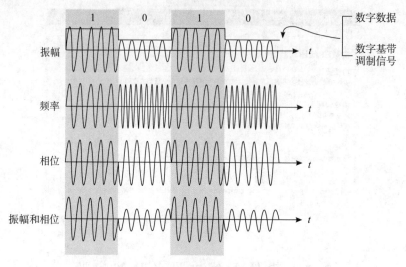

图 3-2-1　数字调制系统的方式

　　基于具体的应用,数字调制可以同时或单独改变振幅、频率和相位。这类调制可以通过传统的模拟调制方案,如振幅调制、频率调制或相位调制来完成。而在实际系统中,通常使用矢量调制(又称为复数调制或 I-Q 调制)。矢量调制是一种应用广泛的调制方案,它可生成任意的载波相位和振幅。在这种调制方案中,基带数字信息被分离成两个独立的分量:I(同相)分量和 Q(正交)分量,这些 I 分量和 Q 分量随后组合形成基带调制信号。I 分量和 Q 分量最重要的特性是它们是相互正交的分量。

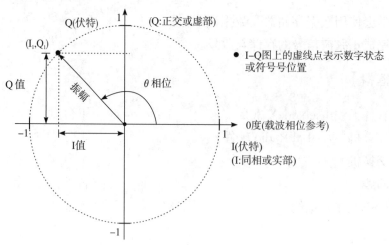

图 3-2-2　数字调制 I-Q

在大多数数字通信系统中,载波频率是固定的,因此,只需考虑相位和振幅,将未经调制的载波作为相位和频率参考,根据调制信号与载波的关系来解释调制信号。在极坐标图或矢量坐标图(I-Q 平面)中,由相位和振幅可以确定某一符号位置(虚线点),如图 3-2-2 所示。I 代表同相(相位参考)分量,Q 代表正交(与同相分量 I 相差 90°)分量。还可以将同相载波的某具体振幅与正交载波的某具体振幅作矢量加法运算来表示这个点。先将载波放入 I-Q 平面预先确定的某个位置上,然后发射已编码信息,每个位置或状态(或某些系统中状态间的转换)代表某一个可在接收机上被解码的比特码型,状态或符号在每个符号选择计时瞬间(接收机转换信号时)在 I-Q 平面的映射称为星座图。一个符号代表一组数字数据比特,它们是所代表的数字消息的代号,每个符号包含的比特数由调制格式决定。例如,二进制相移键控(BPSK)已调符号使用 1 bit;四相相移键控(QPSK)使用 2 bit;而八进制相移键控(8 phase shift keying,8PSK)使用 3bit。

理论上,星座图的每个状态(位置)都应当为单个固定的点,但由于系统会受到各种损伤和噪声的影响,这些状态会发生扩散(每个状态周围有分散的点呈现)。图3-2-3(a)显示了 16QAM 格式的星座图或状态图,此时,有 16 个可能的状态位置。该格式使用 4 bit 数据串对应一种状态或符号,为了产生这一调制格式,基于被传输的代码,I 载波和 Q 载波都需采用 4 个不同的振幅电平,如图3-2-3(b)所示。

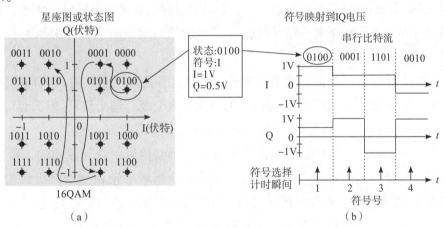

图 3-2-3　16QAM 系统示意图

在数字调制中,信号在有限数量的符号或状态中移动,载波在星座图各点间移动的速率称为符号率。使用的星座状态越多,给定比特率所需的符号率就越低。符号率也代表传输信号时所需的带宽,符号率越低,传输所需的带宽就越小。例如,16QAM 格式使用每符号 4 bit 的速率,若无线传输速率为 16 Mbps,则符号率 $=\dfrac{16\text{ Mbps}}{4\text{ bit}}=4\text{ MHz}$。此时,提供的符号率仅为比特率的四分之一(4 MHz 相对 16 MHz),且得到了更高效的传输带宽。

2. I-Q 调制与解调

在数字通信中，I-Q 调制将已编码的数字 I 和 Q 的基带信息放入载波中，如图 3-2-4 所示。调制生成信号的 I 分量和 Q 分量，从根本上讲，是由直角坐标-极坐标转换的硬件或软件实现的。

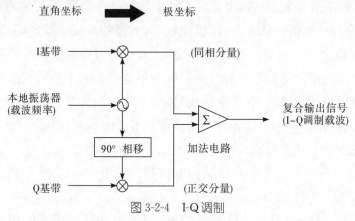

图 3-2-4　I-Q 调制

I-Q 调制将 I 和 Q 的基带信号作为输入，并将它们与相同的本地振荡器相乘。I 信号和 Q 信号均会上变频到射频载波频率。I 信号振幅信息调制载波生成同相分量，Q 振幅信息调制 90°相移的载波，生成正交分量，这两种正交调制载波信号相加，生成复合I-Q调制载波信号。I-Q 调制的主要优势是可以方便地将独立的信号分量合并为单个复合信号传输，接收端也便于将此复合信号分解为独立的分量，进而完成解调。

I 信号和 Q 信号的正交关系意味着这两个信号是真正独立的，它们是同一信号的两个独立分量。虽然 Q 信号输入的变化会改变复合输出信号，但不会对 I 信号分量造成任何影响，同样，I 信号输入的变化也不会影响到 Q 信号。

图 3-2-5 所示为 I-Q 的解调，即从复合 I-Q 调制信号中恢复原始的 I 和 Q 基带信号。解调过程的第一步是将接收机载波振荡器频率锁相至发射机载频。随后，I-Q 调制载波与本地载波相乘进行相干解调，恢复原始的 I 和 Q 基带信号或分量。从根本上讲，I-Q 解调过程就是极坐标-直角坐标的转换过程。

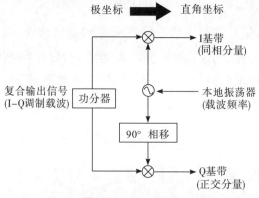

图 3-2-5　I-Q 解调

下面给出 I-Q 调制与解调的数学模型。假设 I 路和 Q 路分别输入两个数据 a 和 b，I 路信号与 $\cos\omega_0 t$ 相乘，Q 路信号与 $\sin\omega_0 t$ 相乘，之后再叠加（通常 Q 路在叠加时会乘以 -1），输出信号为 $s(t) = a\cos\omega_0 t - b\sin\omega_0 t$，至此，完成调制。接收端收到 $s(t)$ 后，分为两路，一路乘以 $\cos\omega_0 t$ 再积分，就可以得到数据 a

$$
\begin{aligned}
\frac{2}{T}\int_{-\frac{T}{2}}^{\frac{T}{2}} s(t)\cos\omega_0 t\,\mathrm{d}t &= \frac{2}{T}\int_{-\frac{T}{2}}^{\frac{T}{2}} (a\cos\omega_0 t - b\sin\omega_0 t)\cos\omega_0 t\,\mathrm{d}t \\
&= \frac{2}{T}\int_{-\frac{T}{2}}^{\frac{T}{2}} (a\cos^2\omega_0 t - b\sin\omega_0 t\cos\omega_0 t)\,\mathrm{d}t \\
&= \frac{2}{T}\int_{-\frac{T}{2}}^{\frac{T}{2}} \left[\frac{a}{2}(1+\cos2\omega_0 t) - \frac{b}{2}\sin2\omega_0 t\right]\mathrm{d}t \\
&= \frac{2}{T}\cdot\frac{a}{2}\cdot T = a
\end{aligned}
\tag{3-2-1}
$$

另一路乘以 $-\sin\omega_0 t$ 再积分，就可以得到数据 b

$$
\begin{aligned}
\frac{2}{T}\int_{-\frac{T}{2}}^{\frac{T}{2}} s(t)(-\sin\omega_0 t)\,\mathrm{d}t &= \frac{2}{T}\int_{-\frac{T}{2}}^{\frac{T}{2}} (-a\cos\omega_0 t + b\sin\omega_0 t)\sin\omega_0 t\,\mathrm{d}t \\
&= \frac{2}{T}\int_{-\frac{T}{2}}^{\frac{T}{2}} (-a\sin\omega_0 t\cos\omega_0 t + b\sin^2\omega_0 t)\,\mathrm{d}t \\
&= \frac{2}{T}\int_{-\frac{T}{2}}^{\frac{T}{2}} \left[\frac{a}{2}(-\sin2\omega_0 t) + \frac{b}{2}(1-\cos2\omega_0 t)\right]\mathrm{d}t \\
&= \frac{2}{T}\cdot\frac{b}{2}\cdot T = b
\end{aligned}
\tag{3-2-2}
$$

其中，T 是 $T_0 = 2\pi/\omega_0$ 的整数倍即可。

I-Q 调制具有以下优点：①I-Q 调制提供一种生成复信号（相位和振幅均改变）的方法。I-Q 调制器不使用非线性、难实现的相位调制，而是简单地对载波振幅及其正交量进行线性调制。在实际系统实现上，具有宽调制带宽和良好线性的混频器、基于基带和中频软件的载波发生器（振荡器）均比较容易得到。为生成复调制信号，只需产生信号的基带 I 分量和 Q 分量。I-Q 调制的一个关键优势是调制算法适用性强，可以生成数字制式、射频脉冲，甚至线性调频雷达等。②信号解调简单。③在 I-Q 平面观察信号比较直观，便于信号调制与解调的算法设计，尤其适用于无码间串扰传输设计、数据偏移与压缩以及 AM-PM 失真的观察等。

3. 数字通信发射机

通信发射机始于信源编码，即对模拟信号进行量化并转化为数字数据的过程，随后，数据压缩用于降低数据速率并提高频谱效率。信道编码和交织属于常见技术，其通过最小化噪声与干扰的影响来提高通信可靠性，其中，额外的比特经常被用来进行误差校准或者作为识别和均衡的训练序列。符号编码器将串行比特流转换为适当的 I 和 Q 基带信号,对应具体的系统,即每个信号映射到 I-Q 平面上的符号。符号时钟代表各个符号传输的频率和精确计时,当符号时钟跳变时,发射载波在正确的 I-Q(或振幅/相位)值上代表具体的符号(星座点),各个符号的时间间隔即为符号时钟周期,其倒数是符号时钟的频率,当符号时钟与检测符号的最佳瞬时同步时,符号时钟相位即为正确的符号。

一旦 I 和 Q 基带信号生成,它们会被过滤(带限)以提高频谱效率。未经过滤的无线数字调制器的输出会占用非常宽的带宽,从而减少其他用户的可用频谱并造成对邻近用户的信号干扰,这便是邻信道功率干扰。基带滤波通过限制频谱以及限制对其他信道的干扰解决了这一问题,实际上就是通过滤波减缓了状态之间的快速转换,从而限制了频谱。

不过,滤波也不是没有缺点,它会导致信号和数据的传输性能下降。信号质量下降是由于频谱分量的减少、过冲或滤波器时间(脉冲)响应引起的有限振铃效应。频谱分量减少会导致信息丢失,进一步可能导致接收机重建信号困难,甚至不可重建。滤波器的振铃响应可能持续很久,会影响到随后的符号,并产生符号间干扰(intersymbol interference,ISI),导致错误解码。为保证频谱效率,避免 ISI,需要对滤波器进行最佳选择。在数字通信设计中,有一款常用的特定类型滤波器——奈奎斯特滤波器,这是一种理想的滤波器,它能够使数据速率最大化的同时最小化 ISI,并限制信道带宽需求。为了改进系统的整体性能,滤波器一般会在发射机和接收机之间共享或分配。

已过滤的 I 和 Q 基带信号是 I-Q 调制器的输入信号,调制器中的振荡器可能工作在中频或射频(radio frequency,RF)上,调制器的输出是中频或射频上的两个正交 I 信号和 Q 信号的合成。调制后,如果需要,信号会上变频到射频,再将多余的频率过滤掉,最后将信号送入输出放大器并进行传输。

4. 数字通信接收机

从本质上来说,接收机是发射机的反向实现,但在设计上更为复杂。发射信号会因受到来自信道的噪声干扰或因多径衰落等因素影响而造成损坏,因此,接收机首先要把输入的射频信号下变频为中频信号,然后再进行解调,解调信号和恢复原始数据的难度往往较大。

解调过程包括以下几个阶段:载波频率恢复(载波锁定)、符号时钟恢复(符号锁定)、信号分解为 I 分量和 Q 分量(I-Q 解调)、I 分量和 Q 分量的符号检测、比特解调和去交织(解码比特)、解压缩(扩展至原始比特流)以及数模转换。

接收机与发射机的主要区别是需要恢复载波和符号时钟。在接收机中,符号时钟的频率和相位都必须正确才可以成功地解调比特、恢复已发射信息。若符号时钟的频率设置正确但相位错误,即符号时钟与符号间过度同步,而不是符号本身同步,解调将会失败。接收机设计中的另一项艰巨任务是在接收端恢复与端同步的载波和符号时钟,当发射机的信道编码提供训练序列或同步比特时,会降低载波和符号时钟的恢复难度。

5. 硬件平台射频前端 AD9361 的结构和工作原理

(1)电路结构。硬件平台射频前端发射与接收电路框图如图 3-2-6 所示。

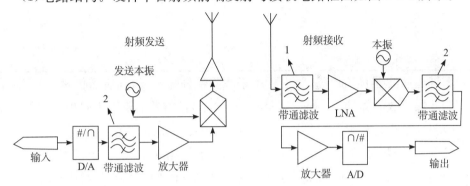

图 3-2-6　发射与接收电路框图

射频端口(天线)接口位于设备前面板,发送端口为 TXA/TXB,接收端口为 RXA/RXB,射频前端主要参数如表 3-2-1 所示。

表 3-2-1　射频前端主要参数

序号	名称	功能与指标	其他说明
1	结构	ARM+FPGA+RFIC（可扩展 DSP）	主要由三部分组成：①AD9361 射频收发子板；②数字基带信号处理核心板（ZYNQ7020）；③高速 AD/DA＋控制底板(USB 3.0)
2	射频频率范围	70～6000 MHz	TX band：47 MHz ～ 6 GHz RX band：70 MHz ～ 6 GHz
3	信道带宽（射频集成电路）	200 kHz～25 MHz	——
4	ADC/DAC 采样位宽（射频集成电路）	12 bit	——
5	发射功率（射频集成电路）	MAX：10 dBm	——
6	采样速率（射频集成电路）	单通道最大采样速率为 61.44 MHz	——
7	接收信号功率范围	－75～－10 dBm	——

(2)各元件的功能。

①天线:天线分为 FM 全向吸盘天线与 GSM 全向吸盘天线两种。天线发射时把功率放大后的交流电流转化为电磁波信号;天线接收时把基站发送来的电磁

波转化为微弱交流电流信号。天线的主要参数如表 3-2-2 所示。

表 3-2-2　天线的主要参数

名称	FM 全向吸盘天线	GSM 全向吸盘天线
频率范围	65～108 MHz	700～2700MHz
带宽	43 MHz	—
增益	7 dBi	12 dBi
电压驻波比	≤1.5	≤1.5
最大功率	50 W	—

②带通滤波器：带通滤波器主要用于滤除带外噪声，得到所需信号。

③低噪声放大器(low noise amplifier，LNA)：LNA 主要用于对接收天线感应到的微弱信号进行放大，满足后级电路对信号振幅的需求，噪声系数很低。

④上、下变频：发射时，把发射信号与本振信号相乘，实现调制，将基带信号调制到中频；接收时，把接收载频信号与本振信号进行相干解调，得到基带信息。

⑤放大器：放大器的发送端在上变频之前将待发送的基带信号进行放大处理；放大器的接收端将经滤波器滤除杂波得到的接收信号进行放大。

⑥D/A 与 A/D：D/A 将数字信号转换成模拟信号；A/D 将模拟信号转化成数字信号。

(3)射频前端 AD9361 内部电路结构可扫码查看。

AD9361 电路结构图

6. 射频前端 AD9361 与 e-LabRadio 通信原理

计算机上的仿真软件平台与AD9361射频前端进行数据互联互通

图 3-2-7　射频前端 AD9631 与 e-LabRadio 通信原理框图

如图 3-2-7 所示，当软件接收硬件发来的数据时，e-LabRadio 软件通过 USB 3.0高速接口处理 AD9361 发送的数据信息。e-LabRadio 软件发送基带信号，送到软件无线电硬件设备进行处理(D/A 变换、滤波、放大、变频、射频发送等)时，也是通过 USB 接口传输数据。

(1)射频发送模块和射频接收模块。e-LabRadio 软件通过内部的 UHD SDR 接收器和硬件设备进行数据交互，下面对这两个模块作简单的介绍。

①UHD SDR 发射器。如图 3-2-8 所示，UHD SDR 发射器用于控制和发送

通用软件无线电外设(universal software radio peripheral，USRP)或软件无线电
eNodeX 30B 的射频数据，其输入数据类型为浮点复数。当需要调用其参数时，用
鼠标左键双击实验区域中的 SDR 发送模块，可弹出其参数设置窗口，根据实际需
要，手动填写并设置发射频率、发射增益、采样速率、带宽以及实际硬件发射通道
(TXA 或 TXB)等参数，如图 3-2-9 所示。

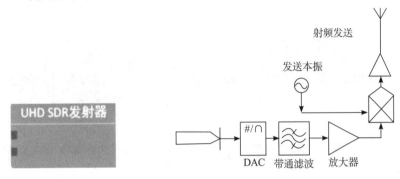

(a)软件界面下 UHD SDR 发射器框图   (b)UHD SDR 发射器内部电路图

图 3-2-8 无线发射器模块

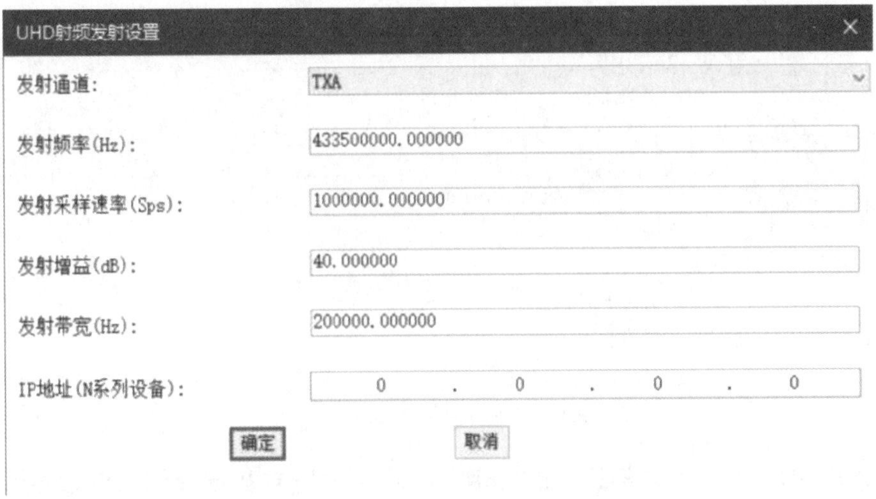

图 3-2-9 UHD SDR 发射器设置窗口

② UHD SDR 接收器。如图 3-2-10 所示，UHD SDR 接收器用于控制和接收
USRP 或软件无线电 eNodeX 30B 的射频数据，其输出数据类型为浮点复数。当
需要调用参数时，用鼠标左键双击实验区域中的 SDR 接收模块，弹出其参数设置
窗口，根据实际需要，手动填写并设置硬件设备的接收频率、接收增益、采样速率、
带宽以及实际硬件接收通道(RXA 或 RXB)等参数，如图3-2-11所示。

UHD SDR接收器
射频接收
本振
带通滤波
LNA
带通滤波
#/∩
放大器
A/D
输出

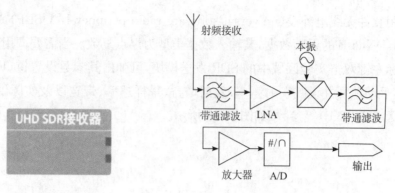

（a）软件界面下 UHD SDR 接收器框图　　（b）UHD SDR 接收器内部电路图

图 3-2-10　UHD SDR 无线接收器模块

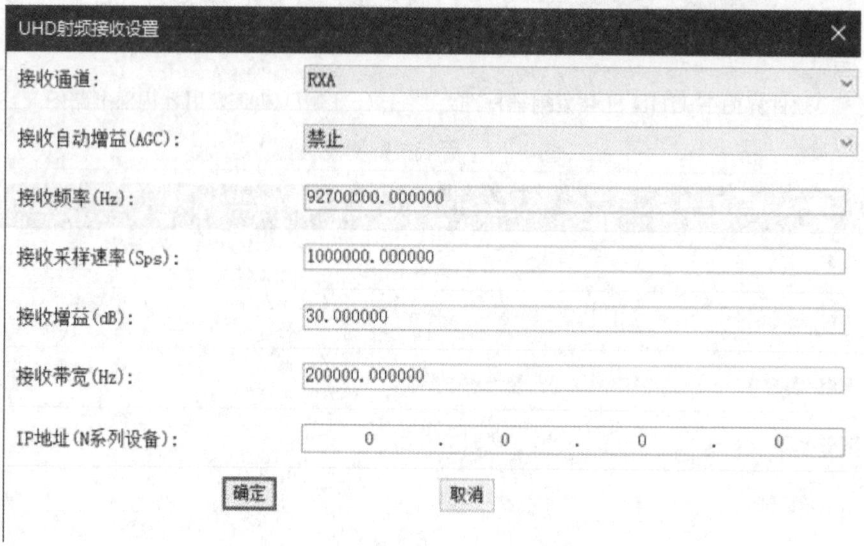

UHD射频接收设置
接收通道：
RXA
接收自动增益(AGC)：
禁止
接收频率(Hz)：
92700000.000000
接收采样速率(Sps)：
1000000.000000
接收增益(dB)：
30.000000
接收带宽(Hz)：
200000.000000
IP地址(N系列设备)：
0 . 0 . 0 . 0
确定
取消

图 3-2-11　UHD SDR 发射器设置窗口

（2）数据存储与读取模块。e-LabRadio 软件内置有数据存储与读取模块，当计算机性能不足以支持实时信号处理的情况下完成通信系统实验时，可通过该模块将数据存储到本地，然后通过数据读取模块读取数据后再进行后续的处理。

（3）ISM 频段。工业、科学和医疗（industrial scientific and medical，ISM）频段是由国际通信联盟无线电通信局（ITU Radiocommunication Sector，ITU-R）定义的。此频段主要是开放给工业、科学和医疗三个系统使用，无须授权许可，只需要遵守一定的发射功率（一般低于 1 W），并且不要对其他频段造成干扰即可，ISM 频段如表 3-2-3 所示。

表 3-2-3　ISM 频段

频率范围(Hz)	中心频率(Hz)	可行性
6.765~6.795 M	6.780 M	取决于当地
13.553~13.567 M	13.560 M	—
26.957~27.283 M	27.120 M	—
40.66~40.70 M	40.68 M	—
433.05~434.79 M	433.92 M	—
902~928 M	915M	国内一般不用
2.4~2.5 G	2.45 G	—
5.725~5.875 G	5.8 G	—
24~24.25 G	24.125 G	—
61~61.5 G	61.25 G	取决于当地
122~123 G	122.5 G	取决于当地
244~246 G	245 G	—

注:本章涉及的软件无线电无线收发实验均选用 433.92 MHz 频段。

【实验项目】

一、数据存储器及数据读取器的使用

本实验使用数据存储器将待处理的信号存储到本地,然后通过数据读取器读取后进行后续处理,因此,需要先了解这两个模块的使用方式。

1. 硬件连接与配置

(1)连接和启动硬件设备。将软件无线电 eNodeX 30B 设备后部的 ETH 接口与计算机的以太网接口连接(或与计算机连接到同一个交换机或路由器上)。

(2)开启 eNodeX 硬件电源。开启设备后面板电源总开关和前面板电源开关,设备前面板下方的蓝色呼吸灯亮起且处于平缓的呼吸状态时,设备启动完成。

(3)计算机 IP 地址配置。由于 e-LabRadio 需要和软件无线电创新平台通信,且 e-LabRadio 需要连接到硬件设备才能工作,因此,计算机的 IP 地址必须与设备的 IP 地址(默认地址为 192.168.1.160)处于同一网段且不重复。

2. e-LabRadio 软件启动

(1)采用"eNodeX 设备认证"方式登录仿真平台。在使用仿真平台时,不要关闭设备或断开设备与计算机之间的网络连接,否则,仿真平台将无法正常工作。

(2)仿真平台启动后,点击菜单栏的"文件"→"新建",可创建实验区域,界面如图 3-2-12 所示。

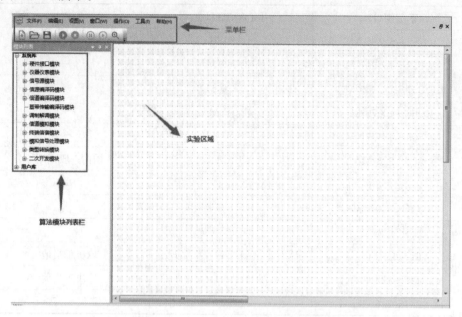

图 3-2-12　e-LabRadio 软件启动界面

注：以上"硬件连接与配置"与"e-LabRadio 软件启动"步骤为启动本实验平台的标准操作，后续功能实验均在此基础上展开。

3. 数据存储

(1)点击 e-LabRadio 软件"文件"→"创建新文档"，创建一个新的实验区域。展开"系统库"中的"信号源模块"，双击"数字信号源"模块，然后将鼠标移动到右侧"实验区域"，再点击鼠标左键，放置模块。

(2)按同样的方法，将"类型转换模块"里的"数据存储"模块放置到实验区域。

(3)将模块按如图 3-2-13 所示进行连线。

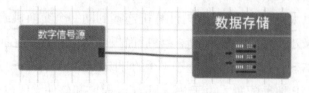

图 3-2-13　数据存储模块

(4)双击"数字信号源"模块，在参数设置窗口处选择 PN15，信号频率为32000 Hz，如图 3-2-14 所示。

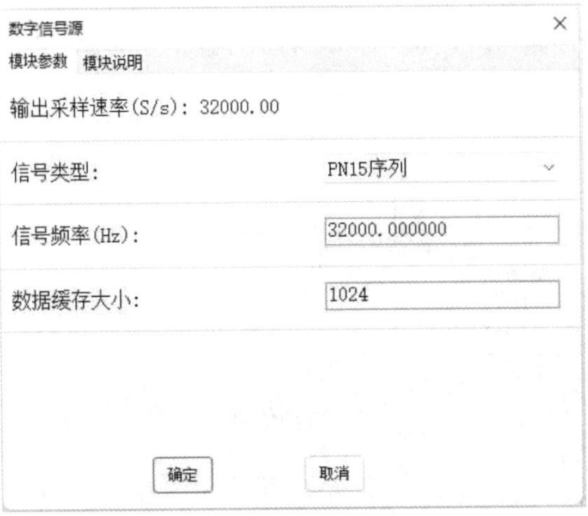

图 3-2-14 数字信号源参数设置

（5）双击"数据存储"模块，打开其参数设置窗口，界面如图 3-2-15 所示。

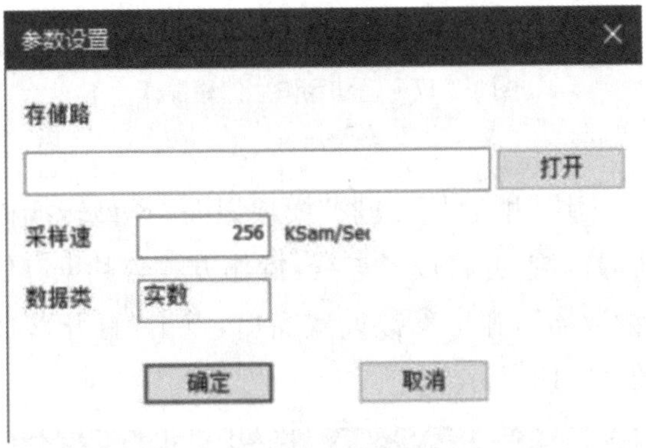

图 3-2-15 数据存储器参数设置

（6）点击"打开"，在本机上选择数据存储路径以及文件名，如图 3-2-16 所示。

图 3-2-16 选择数据存储路径以及文件名

(7)开启仿真,存储一段时间(如 20 秒)的数据后,点击停止仿真,如图 3-2-17 所示。

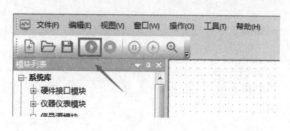

(a)启动仿真

(b)停止仿真

图 3-2-17　启动与停止仿真操作

4. 数据读取

(1)将"仪器仪表模块"里的"示波器"模块以及"类型转换模块"里的"数据读取器"模块放置到实验区域,并将设备连线,操作方式与数据存储的方式类似。

(2)双击"数据读取器",弹出参数设置窗口,点击"打开",选择上次保存在本地的数据文件,如图 3-2-18 所示。

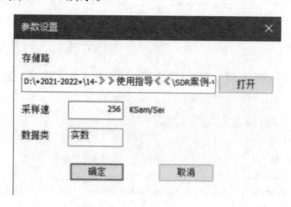

图 3-2-18　选择数据读取路径

(3)开启仿真,双击示波器面板,观测存储器里存储的数据信号。

注:为防止数据重复播放,当存储文件里的数据播放完之后,数据读取器会自动停止工作。

有兴趣的同学可以改变数据源的数据类型或者调用其他的信源模块重复步

骤 3 和 4,观察不同类型的信号存储效果。

二、正弦波信号的存储无线收发

本实验在 e-LabRadio 和软件无线电配合完成数据无线传输时引入数据存储器和数据读取器,让学生了解 e-LabRadio 与软件无线电的数据传输和控制机制,了解计算机性能不足以支持实时信号处理的情况下如何利用数据存储器和读取器完成通信系统实验。

1. 硬件连接与配置

(1)连接和启动硬件设备。将软件无线电 eNodeX 30B 设备后部的 USB 3.0 接口用附带的 USB 3.0 数据线进行连接,将设备后部的 ETH 接口与计算机的以太网接口连接(或与计算机连接到同一个交换机或路由器上),在软件无线电创新平台的射频收发部分 RXA 和 TXA 处接上 FM 吸盘天线(天线可吸附在设备上面板上),收发天线之间的距离约为 20 cm。

(2)开启 eNodeX 硬件电源。开启设备后面板电源总开关和前面板电源开关,设备前面板下方的蓝色呼吸灯亮起且处于平缓的呼吸状态时,设备启动完成。

2. e-LabRadio 软件启动

参考数据存储器及数据读取器的使用实验中的相关内容,此处不再赘述。

3. 数据存储

(1)点击"文件"→"创建新文档",创建一个新的实验区域。展开"系统库"中的"信号源模块",双击"模拟信号源"模块,然后将鼠标移动到右侧"实验区域",再点击鼠标左键,放置模块。

(2)按同样的方式,将"类型转换模块"里的"数据存储"模块和"实数转换复数"模块放置到实验区域。

(3)将模块按图 3-2-19 所示进行连线。

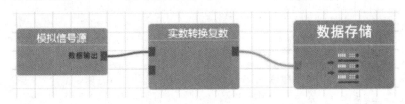

图 3-2-19　模拟信号的存储模块连接图

(4)双击"模拟信号源"模块,参数设置如图 3-2-20 所示。

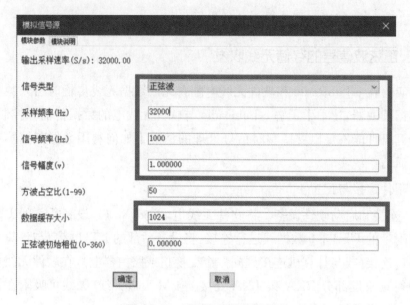

图 3-2-20　模拟信号源参数设置

（5）双击"数据存储"模块，打开其参数设置窗口；点击"打开"，在本机上选择存储路径以及文件名界面，如图 3-2-21(a)、(b)所示。

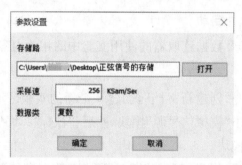

（a）选择数据存储路径

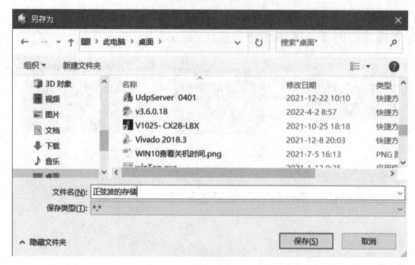

（b）保存设置

图 3-2-21　数据存储路径设置

(6)开启仿真,运行一段时间后停止仿真。

5. 数据无线发送

(1)将"仪器仪表模块"里的"示波器"模块以及"类型转换模块"里的"数据读取"模块放置到实验区域。

(2)按同样的方式,将"硬件接口模块"里的"UHD SDR 发射器"模块放置到实验区域。

(3)将所有模块按如图 3-2-22 所示进行连线。

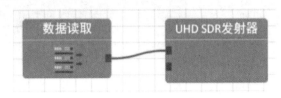

图 3-2-22　数据发送模块连接图

(4)双击"数据读取"模块,弹出参数设置窗口,点击"打开",选择保存在本地的数据文件(本实验项目步骤 3 中保存数据的文件)。

6. 数据无线接收

(1)点击菜单栏的"文件"→"新建",在当前窗口创建另一个新的实验区域。

(2)将"硬件接口模块"里的"UHD SDR 接收器"模块、"类型转换模块"里的"复数转换实数"模块以及"仪器仪表模块"里的"双通道示波器"模块放置到实验区域。

(3)将所有模块按如图 3-2-23 所示进行连线。

图 3-2-23　数据接收模块连接图

(4)双击 UHD SDR 接收器,设置接收参数,如图 3-2-24 所示。

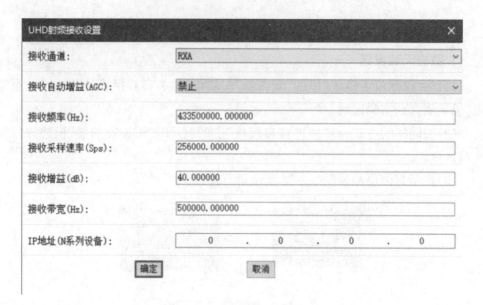

3-2-24　接收器参数设置

7. 系统联调

（1）分别选中数据无线发送和数据无线接收的文件，开启仿真，如图 3-2-25（a）、（b）所示。

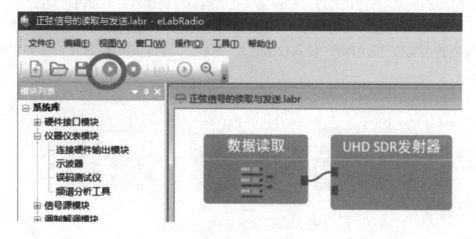

（a）启动数据读取与发送窗口

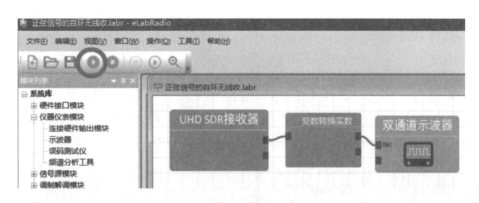

(b)启动数据接收窗口

图 3-2-25　同时启动数据无线发送和数据无线接收窗口

注：当收发端都启动时，软件无线电设备前面板上的射频收发部分 RXA 和 TXA 对应的指示灯会长亮（若指示灯闪亮，表示计算机性能不够，低于软件无线电设备的处理速度）。

(2)通过"双通道示波器"模块查看接收到的波形，观察正弦波的传输效果。

【实验报告】

(1)简述软件无线电创新平台和 e-LabRadio 是如何进行数据传输的。

(2)记录实验数据。

3.3　模拟信号的自环无线收发实验

【实验目的】

了解软件无线电实时自环发送接收模拟信号的过程。

【实验内容】

用软件无线电创新平台进行单音模拟信号的自环无线收发。

【实验器材】

(1)软件无线电 eNodeX 30B　　　　　　　　　　1 台

(2)计算机(含 e-LabRadio 软件)　　　　　　　1 台

(3)交换机　　　　　　　　　　　　　　　　　　1 台

(4)网线　　　　　　　　　　　　　　　　　　　若干

【实验原理】

如图 3-3-1 所示,e-LabRadio 软件的数据源通过数据转换将实数数据变成复数数据,通过 USB 3.0 数据线将数据传输到软件无线电创新实训平台中,再经过上变频后经射频端口连接的天线将信号以电磁波形式发送到空气中。在接收端,软件无线电创新平台将天线接收到的数据送入射频前端进行下变频等处理,然后经数据转换将复数数据变成实数数据,再送入 e-LabRadio 软件进行后续处理,以便于观测分析。

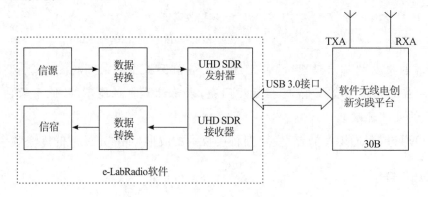

图 3-3-1　模拟信号自环无线收发框图

【实验项目】

本实验通过软硬件联合仿真传输单音模拟信号来了解软硬件联合仿真的传输机制。

注:在实验过程中,如果要修改除信号源外的其他模块参数,应先关闭仿真,再进行参数修改。

1. 硬件连接与配置

(1)连接和启动硬件设备。将软件无线电 eNodeX 30B 设备后背板的 USB 3.0 接口用附带的 USB 3.0 数据线进行连接。将设备后部的 ETH 接口与计算机的以太网接口用网线连接(或与计算机连接到同一个交换机或路由器上),在软件无线电创新平台的射频收发部分 RXA 和 TXA 处接上 FM 吸盘天线(天线可吸附在设备上面板上),天线距离 20 cm 左右。

(2)开启 eNodeX 硬件电源。开启设备后面板电源总开关和前面板电源开关,设备前面板下方的蓝色呼吸灯亮起且处于平缓的呼吸状态时,设备启动完成。

(3)计算机 IP 地址配置。由于 e-LabRadio 需要和软件无线电创新平台通信,且 e-LabRadio 需要连接到硬件设备才能工作,因此,计算机的 IP 地址(如 192.168.1.50)必须与软件无线电 eNodeX 30B 设备的 IP 地址(默认地址为

192.168.1.160)处于同一网段且不重复。

2. e-LabRadio 软件启动

(1)参考 3.2 节数据存储器及数据读取器的使用实验中"e-LabRadio 软件启动"部分的介绍,采用"eNodeX 设备认证"方式登录仿真平台。在使用仿真平台时,不要关闭设备或断开设备与计算机之间的网络连接,否则,仿真平台将无法正常工作。

(2)仿真平台启动后,点击菜单栏的"文件"→"新建",可创建实验区域。

3. 发送系统搭建及参数设置

(1)展开"系统库"中的"信号源模块",双击"模拟信号源",然后将鼠标移动到右侧"实验区域",再点击鼠标左键,放置模块。

(2)按同样的方法,将"硬件接口模块"下的"UHD SDR 发射器"模块以及"类型转换模块"下的"实数转换复数"模块放置到实验区域。

(3)将所有模块按图 3-3-2 所示进行连线。

图 3-3-2　发射端模块连接图

(4)双击"模拟信号源"模块,弹出参数设置框,参数设置如图 3-3-3 所示。

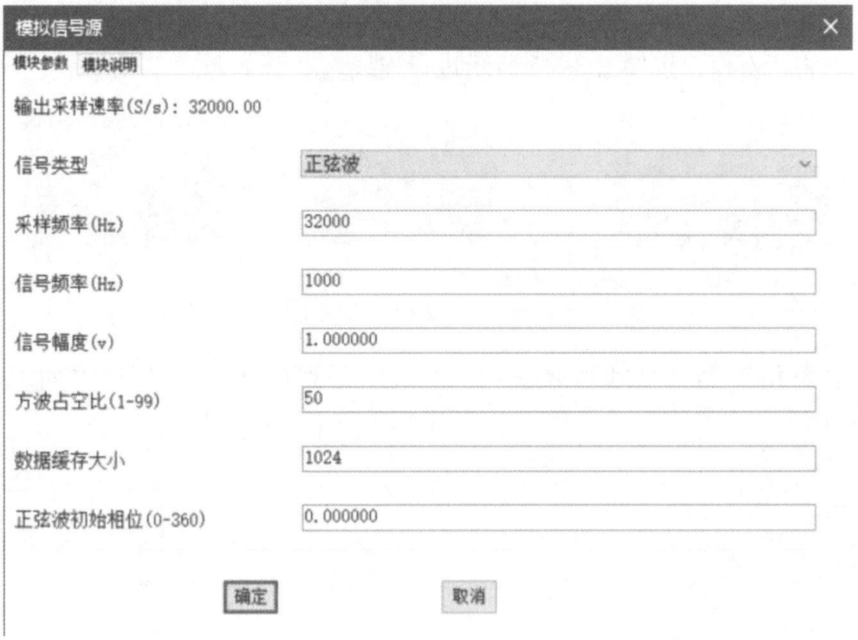

模拟信号源	×

模块参数　模块说明

输出采样速率(S/s): 32000.00

信号类型	正弦波 ∨
采样频率(Hz)	32000
信号频率(Hz)	1000
信号幅度(v)	1.000000
方波占空比(1-99)	50
数据缓存大小	1024
正弦波初始相位(0-360)	0.000000

确定　　　　取消

图 3-3-3　模拟信号源参数设置

（5）双击"UHD SDR 发射器"模块，弹出参数设置框，参数设置如图 3-3-4 所示。

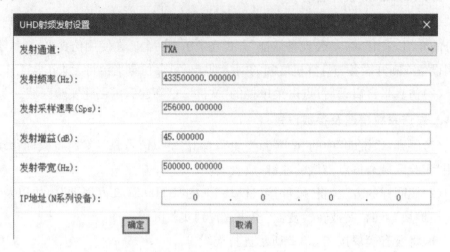

图 3-3-4　发射器参数设置

4. 接收系统搭建及参数设置

（1）点击菜单栏的"文件"→"新建"，在当前软件窗口创建另一个新的实验区域。

（2）将"硬件接口模块"里的"UHD SDR 接收器"模块、"类型转换模块"里的"复数转换实数"模块以及"仪器仪表模块"里的"双通道示波器"模块放置到实验区域。

（3）将所有模块按如图 3-3-5 所示进行连线。

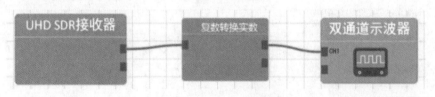

图 3-3-5　接收端模块连接图

（4）双击"UHD SDR 接收器"模块，弹出参数设置框，参数设置如图 3-3-6 所示。

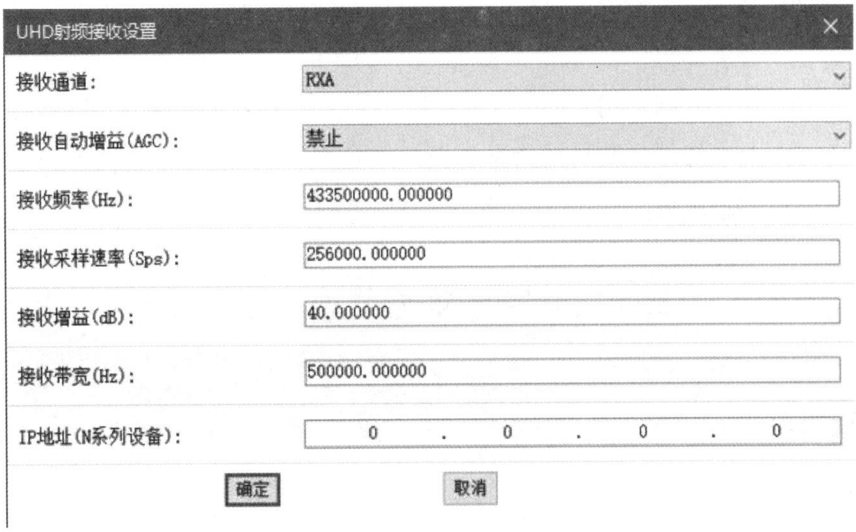

图 3-3-6　接收器参数设置

5. 收发系统分别启动仿真

如图 3-3-7 所示，分别选中两个实验文件，开启仿真。

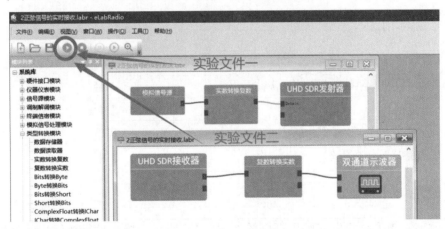

图 3-3-7　启动模拟信号的收发

注：当收发端都启动时，设备前面板上的射频收发"RXA"和"TXA"对应的指示灯会长亮。

6. 实验波形观测

（1）分别双击发射端（可以在启动仿真前将模拟信号源输出端接入一个示波器观测信源）和接收端的示波器，对比观测信号源的单音模拟信号和经过自环发送后接收到的信号波形。

注：当增益设置过大时，接收端示波器显示的波形会出现失真。

（2）双击"模拟信号源"模块，改变信号源的频率，再次对比示波器的波形。

（3）改变无线距离、信源振幅、采样频率等，分析传输过程及波形。

【实验报告】

（1）简述本实验中的信号传输过程。

（2）分析实验现象。

3.4 数字音频无线收发实验

【实验目的】

了解数字音频无线收发实验原理。

【实验内容】

（1）验证模拟信号数字化编码及最小频移键控数字调制的原理。

（2）用软件无线电创新平台对数字调制信号进行自环无线收发。

【实验器材】

（1）软件无线电 eNodeX 30B	1 台
（2）计算机（含 e-LabRadio 软件）	1 台
（3）交换机	1 台
（4）网线	若干
（5）USB 3.0 数据线	1 根

【实验原理】

数字音频无线收发实验原理框图如图 3-4-1 所示。模拟信号源输出的音乐信号经过信源编码之后送入最小相位频移键控（minimum phase frequency shift keying，MSK）调制器进行基带调制（基带预成形处理），调制后的信号需要进行数据转换，使其变为复数数据，以便通过发射器经 USB 3.0 将信号送到软件无线电创新平台硬件设备上。最后，由硬件设备的射频前端进行处理（D/A 变换、滤波、放大、变频等），将信号搬移到软件无线电发送频段，通过天线将信号发射出去。

接收端的信号处理流程则与发送端相反。需要注意的是，在发送端每个算法颗粒的采样频率（又称采样速率）都是 1.024 MHz，接收端 MSK 解调器输出的采样频率是 1.024 MHz，而 CVSD 译码的输入采样频率是 32 kHz，在系统传输模式下，要考虑如何进行前后级的速率匹配。通常解决这个问题的方案不止一种，可以使用数字抽取,也可以使用时域压缩,若使用时域压缩,则还需要考虑位同步时钟提取的问题。

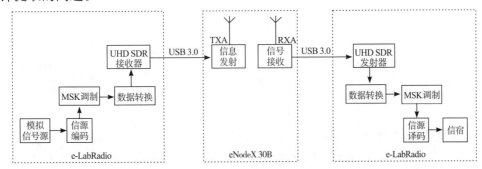

图 3-4-1　数字音频无线收发实验

实验相关参数参考 3.2 节中的表 3-2-1,可调整无线传输时的工作频率,本实验中以 433 MHz 为例。

【实验项目】

本实验的任务是通过无线的方式对 MSK 调制后的信号进行发送和接收,了解数字音频信号的收发过程。

1. 硬件连接与配置

(1)硬件连接。将软件无线电 eNodeX 30B 设备后部的 USB 3.0 接口用附带的 USB 3.0 数据线与计算机连接,将设备后部的 ETH 接口与计算机的以太网接口用网线连接,在软件无线电 eNodeX 30B 的射频收发部分 RXB 和 TXA 处均接上 FM 吸盘天线(需要 2 根天线,天线可吸附在设备上面板上),天线距离 50 cm 左右。

(2)开启 eNodeX 硬件电源。开启设备后面板电源总开关和前面板电源开关,设备前面板下方的蓝色呼吸灯亮起且处于平缓的呼吸状态时,设备启动完成。

(3)计算机 IP 地址配置。由于 e-LabRadio 需要和软件无线电创新设备通信,且 e-LabRadio 需要连接到硬件设备才能工作,因此,计算机的 IP 地址(如 192.168.1.50)必须与软件无线电 eNodeX 30B 设备的 IP 地址(默认地址为 192.168.1.160)处于同一网段且不重复。

2. 发射系统搭建

参考 3.2 节数据存储器及数据读取器的使用实验中"e-LabRadio 软件启动"部分的介绍,创建新实验区域。

(1)展开"系统库"中的"信号源模块",双击"模拟信号源",然后将鼠标移动到右侧实验区域,再点击鼠标左键,放置模块。

(2)按同样的方法,将"信源编译码模块"里的"CVSD 编码(系统模式)"模块、

"调制解调模块"里的"MSK 调制映射"模块、"类型转换模块"里的"实数转换复数"模块以及"硬件接口模块"里的"UHD SDR 发射器"放置到实验区域。

（3）将所有模块按如图 3-4-2 所示进行连线。

图 3-4-2　发射端模块连接图

3. 接收系统搭建

（1）点击菜单栏的"文件"→"新建"，创建新的实验区域。

（2）将"硬件接口模块"组里的"UHD SDR 接收器"模块、"类型转换模块"里的"复数转换实数"模块、"调制解调模块"里的"MSK 非相干解调"模块、"模拟信号处理模块"里的"数字抽取"模块、"信源编译码模块"里的"CVSD 译码（系统模式）"模块以及"终端信宿模块"里的"音频终端"模块放置到实验区域。

（3）将所有模块按照图 3-4-3 所示进行连线。

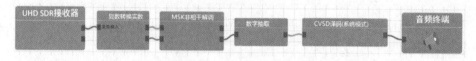

图 3-4-3　接收端模块连接图

4. 系统联调（收发系统参数调整）

（1）信源选择：双击"模拟信号源"模块，选择信号类型为音乐信号，如图 3-4-4 所示。

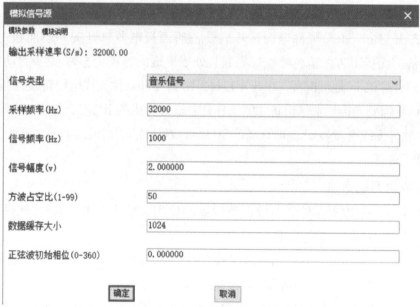

图 3-4-4　模拟信号源参数设置

（2）信源编码参数设置：双击"CVSD 编码（系统模式）"模块，参数设置如图 3-4-5所示。

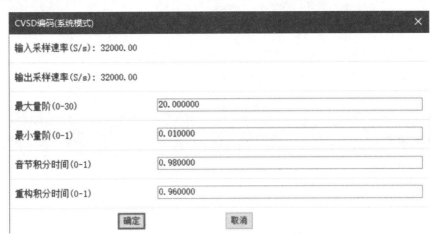

图 3-4-5　CVSD 编码参数设置

（3）数字调制参数设置：双击发射端"MSK 调制映射"模块，参数设置如图 3-4-6所示。

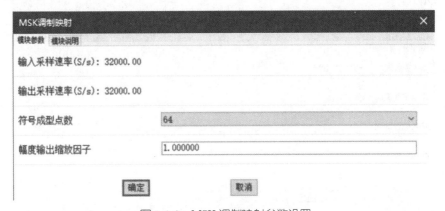

图 3-4-6　MSK 调制映射参数设置

（4）发射参数设置：双击"UHD SDR 发射器"模块，参数设置如图 3-4-7 所示。

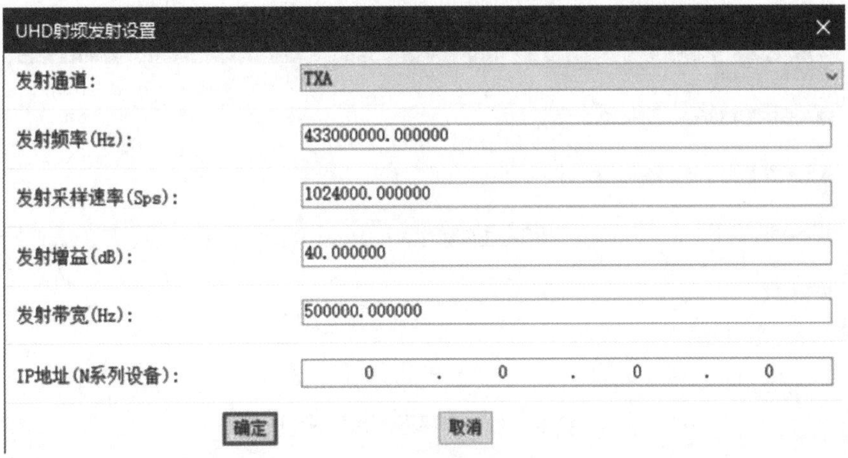

图 3-4-7　UHD SDR 发射器参数设置

(5)接收参数设置：双击"UHD SDR 接收器"模块，参数设置如 3-4-8 所示。

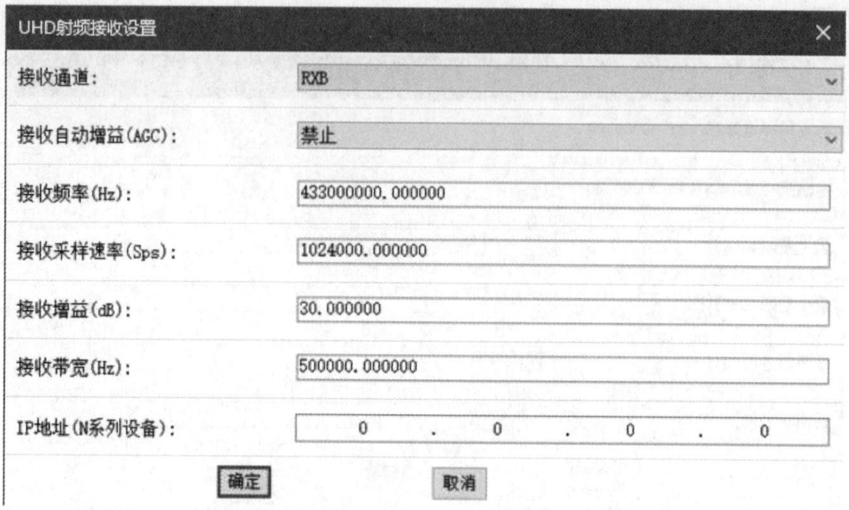

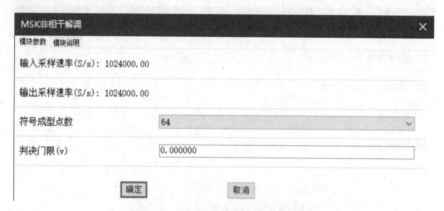

图 3-4-8　UHD SDR 接收器参数设置

(6)数字解调参数设置：双击接收端"MSK 非相干解调"模块，参数设置如图 3-4-9 所示。

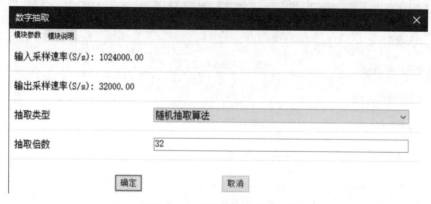

图 3-4-9　MSK 非相干解调参数设置

(7)速率匹配参数设置：双击接收端"数字抽取"模块，参数设置如图 3-4-10 所示。

图 3-4-10　速率匹配参数设置

(8)信源译码参数设置：双击接收端"CVSD 译码（系统模式）"模块，参数设置如图 3-4-11 所示。

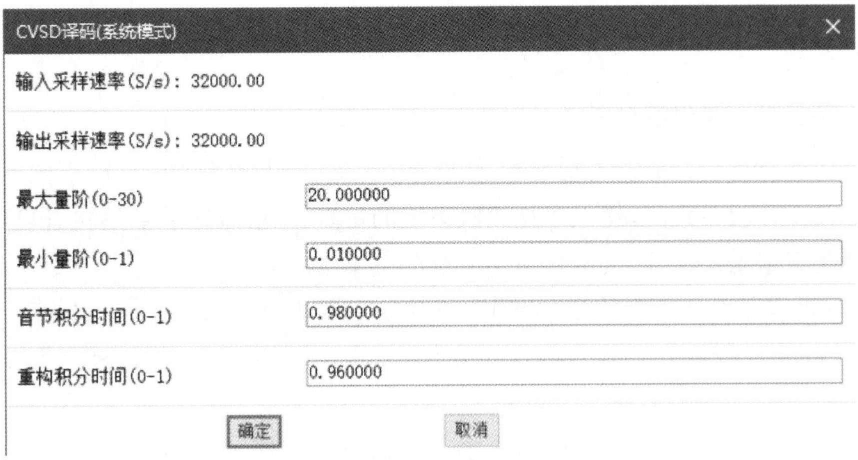

CVSD译码(系统模式)	✕
输入采样速率(S/s): 32000.00	
输出采样速率(S/s): 32000.00	
最大量阶(0-30)	20.000000
最小量阶(0-1)	0.010000
音节积分时间(0-1)	0.980000
重构积分时间(0-1)	0.960000
确定　　　取消	

图 3-4-11　CVSD 译码参数设置

(9)信宿参数设置：双击接收端"音频终端"模块，参数设置如图 3-4-12 所示。

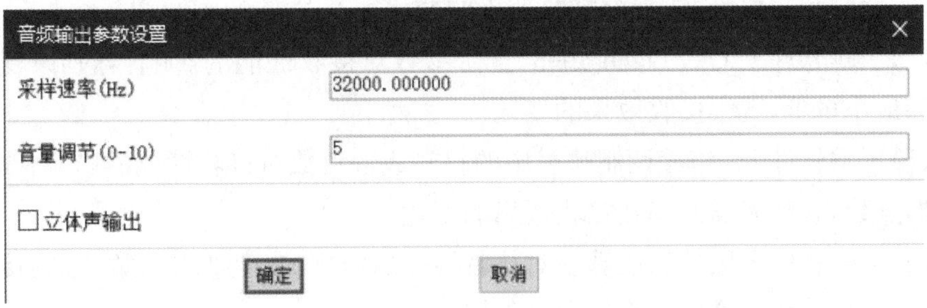

音频输出参数设置	✕
采样速率(Hz)	32000.000000
音量调节(0-10)	5
□立体声输出	
确定　　　取消	

图 3-4-12　音频终端参数设置

(10)开启仿真：如图 3-4-13 所示，分别选中发射机和接收机仿真窗口，运行仿真。

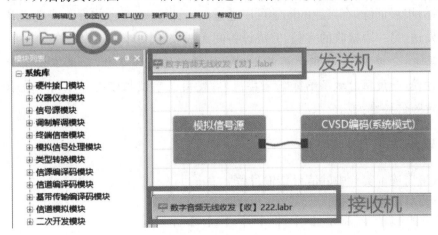

图 3-4-13　启动仿真界面

注：当前窗口被选中时，会在顶层及仿真平台主窗口左上角显示实验文件名称（没有保存过的实验文件则显示默认名称）。

待设备初始化完成以及仿真运行后，从计算机扬声器处应能听到发送端发出的音乐信号。

5. 系统调试与过程分析

当听到计算机扬声器上播放出来的音乐后，可根据传输质量，适当微调接收增益。改变接收参数时，建议停止接收系统的仿真，待修改完参数后再开启仿真，使参数下发成功。

（1）通信距离对通信质量的影响：在一定的接收增益下（如 30 dB、20 dB 和 10 dB），捏住天线底座平移，逐步拉开两个天线之间的距离，观察通信距离改变时，通信质量的变化。

（2）了解（软件定义的）接收机参数对接收性能的影响：分别改变接收器的工作频率、增益、接收带宽和自动增益控制，观察接收效果的变化。

（3）了解（软件定义的）发送机参数对接收性能的影响：分别改变发送器的工作频率、增益和发射带宽，观察接收效果的变化。

（4）了解软件上 CVSD 编码中的量阶参数对接收性能的影响：分别改变最大量阶和最小量阶，观察接收效果的变化。

（5）了解软件上 MSK 调制映射中的符号成形点数对接收性能的影响：改变符号成形点数，观察采样速率及接收效果的变化。

（6）了解软件上数字抽取算法对接收性能的影响：改变抽取倍数，观察接收效果的变化，分析数字抽取在系统中的作用。

（7）了解软件上音频终端的设置对接收效果的影响：分别改变采样速率、音量大小、立体声开启与否，观察接收效果的变化，并分析接收效果发生改变的原因。

（8）扩展训练：有兴趣的同学可以通过两台计算机、两台软件无线电设备进行一台发送、另一台接收的实验，完成设备间无线收发。

思考：分析 MSK 非相干解调及 CVSD 译码的工作参数，如果不使用数字抽取的方式（如使用时域压缩降低采样速率，使用数字锁相环进行位同步提取），接收机该如何搭建？

【实验报告】

（1）简述本实验中的信号传输过程。

（2）分析实验现象。

3.5　FM 调频无线通信系统实验

【实验目的】

(1)了解 FM 接收机系统的搭建过程。

(2)接收实际电台信号。

(3)了解 FM 无线收发机实现的原理。

【实验内容】

(1)用软件无线电方式实现对 FM 信号的接收与解调。

(2)搭建 FM 信号无线收发系统并对其进行调试。

【实验器材】

(1)软件无线电 eNodeX 30B	1 台
(2)计算机(含 e-LabRadio 软件)	1 台
(3)交换机	1 台
(4)网线	若干
(5)USB 3.0 数据线	1 根

【实验原理】

1. FM 接收机实验

如图 3-5-1 所示,软件无线电创新平台接收到本地的广播信号,经过下变频后将数据通过 USB 3.0 端口发送给 e-LabRadio 软件,由软件完成接收后的信号处理。此时,先由 e-LabRadio 软件中 UHD SDR 接收器来定义射频前端的工作参数,再由数据转换将复数数据变为实数数据,最后由 FM 解调算法颗粒完成 FM 解调处理。

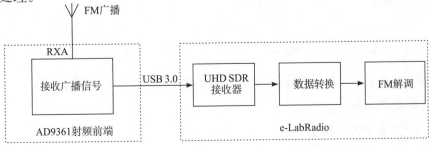

图 3-5-1　FM 接收机实验原理框图

2. FM 无线通信系统实验

如图 3-5-2 所示,模拟信号源输出的音乐信号送入 FM 调制器进行基带调制 (零中频),调制后的信号需要进行数据转换,变为复数数据,以便于通过发射器经 USB 3.0 将信号送到软件无线电创新平台硬件设备上,最后,由硬件设备的射频前端进行处理(D/A 变换、滤波、放大、变频等),将信号搬移到软件无线电发送频段,通过天线将信号发射出去。

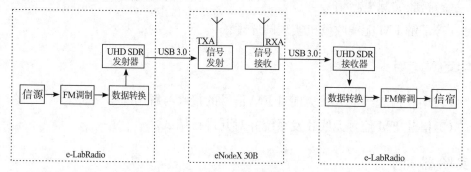

图 3-5-2　FM 无线通信系统

接收端的信号处理流程则与发送端相反。需要注意,在系统传输模式下,要考虑如何进行前后级的速率匹配,通常解决这个问题的方案不止一种,如可以使用数字抽取处理,也可以使用时域压缩,若使用时域压缩,则需要考虑位同步时钟提取的问题。

实验相关参数参考 3.2 节中表 3-2-1,无线传输时工作频率可以调整。

思考:实验中使用的广播频率与本地实际的广播频率一样,射频收发参数不合理时,可能只会收听到实际广播电台的节目而接收不到软件无线电发送的电台信号,或者两者之间存在相互干扰,如何解决这个问题?

注:(1)实验中,应合理设置发射增益,如果影响周边的 FM 接收机用户使用,应更换发送频率。

(2)在实验过程中,如果要修改除信号源外的其他模块参数,应先关闭仿真,再进行参数修改。

【实验项目】

一、FM 电台的系统搭建

本实验通过对 FM 广播信号进行接收端的解调,让学生熟悉软件无线电方式下 FM 的接收与解调。

1. 硬件连接与配置

(1)连接和启动硬件设备。将软件无线电 eNodeX 30B 设备后部的 USB 3.0

接口用附带的 USB 3.0 数据线与计算机连接,将设备后部的 ETH 接口与计算机的以太网接口用网线连接(或与计算机连接到同一个交换机或路由器上),在软件无线电创新平台的射频收发部分 RXA 和 TXA 处上接上 FM 吸盘天线(天线可吸附在设备上面板上),天线距离 20 cm 左右。

(2)开启 eNodeX 硬件与计算机 IP 地址配置方法等如前所述。

2. 搭建 FM 调频立体声收音机

参考 3.2 节中数据存储器及数据读取器的使用实验中"e-LabRadio 软件启动"部分的介绍,创建新实验区域。

(1)展开"系统库"中的"硬件接口模块",双击"UHD SDR 接收器",然后将鼠标移动到右侧实验区域,再点击鼠标左键,放置模块。

(2)按同样的方法,将"类型转换模块"里的"复数转换实数"模块、"模拟信号处理模块"里的"IQ 低通滤波器"模块、"调制解调模块"里的"FM 立体声解调器"模块以及"终端信宿模块"里的"音频终端"模块放置到实验区域。

(3)将所有算法模块按如图 3-5-3 所示进行连线。

图 3-5-3　FM 信号接收连接框图

(4)双击"UHD SDR 接收器"模块,参数设置如图 3-5-4 所示(示例为 104.6 MHz)。

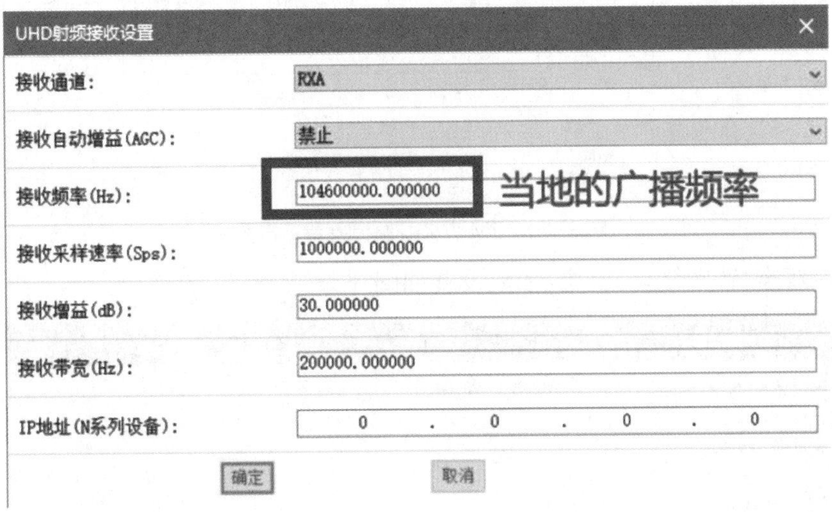

图 3-5-4　UHD SDR 接收器参数设置

(5)双击"IQ 低通滤波器"模块,参数设置如图 3-5-5 所示。

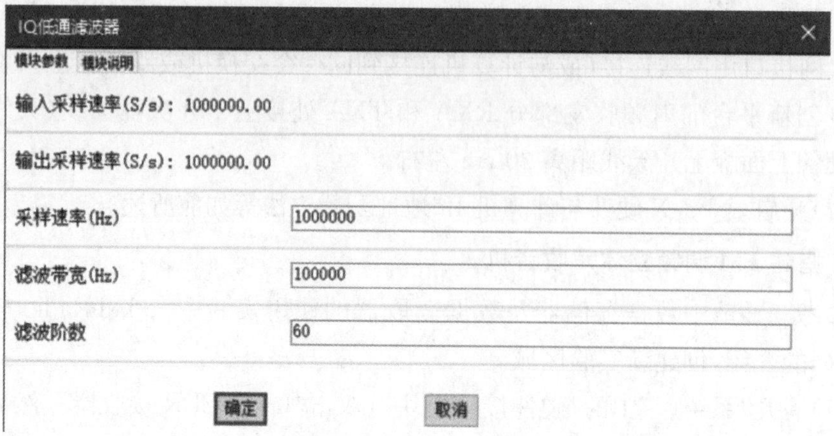

图 3-5-5　低通滤波器参数设置

（6）双击"FM 立体声解调器"模块，参数设置如图 3-5-6 所示。

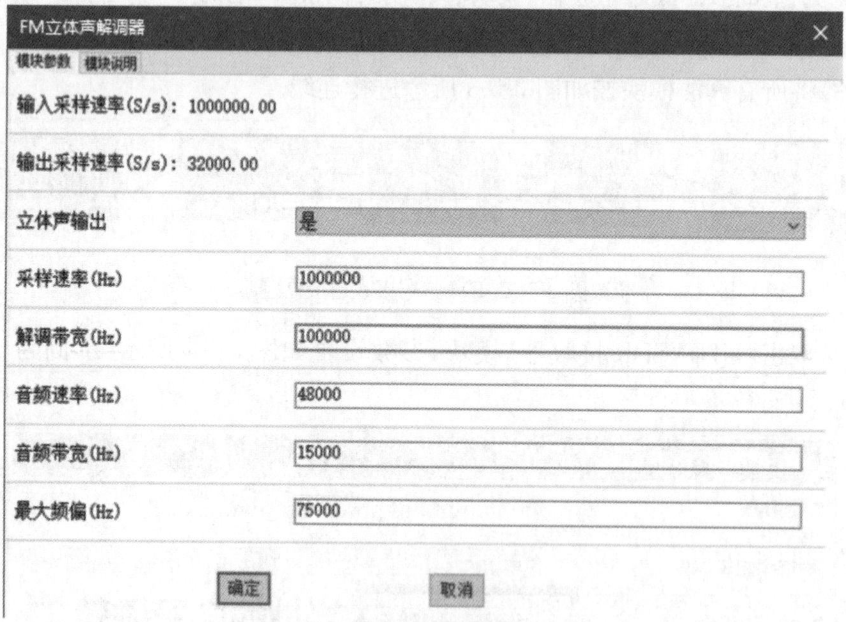

图 3-5-6　FM 立体声解调器参数设置

（7）双击"音频终端"模块，参数设置如图 3-5-7 所示。

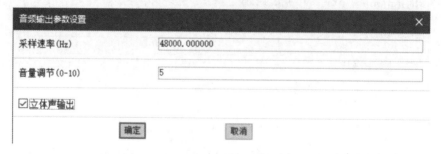

图 3-5-7　音频输出参数设置

至此,系统搭建完成。

3. FM 接收机调试与过程分析

(1)广播电台的接收调试:开启仿真,如图 3-5-8 所示。稍等片刻,即可听到计算机扬声器上播放出来的电台音频。在仿真运行时,也可通过实时改变接收频率来切换不同的电台节目。如果接收不到电台节目,可检查系统搭建环节是否出现错误、天线摆放的角度是否合适以及室内是否偏离窗户较远导致信号质量较差。

图 3-5-8 启动 FM 接收机

(2)了解(软件定义的)接收机参数对接收性能的影响:分别改变接收器的增益、接收带宽和自动增益控制,观察接收效果的变化。

(3)了解软件上 IQ 滤波器参数对接收性能的影响:分别改变滤波带宽和滤波阶数,观察接收效果的变化。

(4)了解软件上 FM 立体声解调器参数对接收性能的影响:分别改变解调带宽、音频速率、音频带宽、最大频偏和立体声开启状态,观察接收效果的变化,并分析接收效果发生改变的原因。

(5)了解软件上音频终端的设置对接收效果的影响:分别改变采样速率、音量大小和立体声开启状态,观察接收效果的变化,并分析接收效果发生改变的原因。

思考:参考 FM 立体声解调器的算法介绍,如果将接收端的立体声解调更改为基带解调,FM 接收机该如何搭建?

二、FM 无线收发系统的搭建与调试

本实验是对 FM 调制后的信号进行发送和接收,了解使用软件无线电平台传输 FM 信号的过程及方法。

1. 硬件连接与配置及 e-LabRadio 软件启动程序

同 FM 电台的系统搭建实验中硬件的连接与配置。

2. 发射系统搭建

(1)展开"系统库"中的"信号源模块",双击"模拟信号源",然后将鼠标移动到右侧实验区域,再点击鼠标左键,放置模块。

(2)按同样的方法,将"调制解调模块"里的"FM 基带调制"模块、"类型转换模块"里的"实数转换复数"模块以及"硬件接口模块"里的"UHD SDR 发射器"模块放置到实验区域。

(3)将所有模块按如图 3-5-9 所示进行连线。

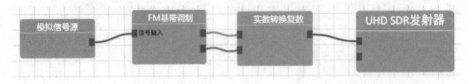

图 3-5-9　基带信号经 FM 调制发送端连接框图

3. 接收系统搭建

(1)点击菜单栏的"文件"→"新建",创建新的实验区域。

(2)将"硬件接口模块"里的"UHD SDR 接收器"模块、"类型转换模块"里的"复数转换实数"模块、"模拟信号处理模块"里的"IQ 低通滤波器"模块、"调制解调模块"里的"FM 基带解调"模块、"实数 Lanczos 滤波器"以及"终端信宿模块"里的"音频终端"模块放置到实验区域。

(3)将所有模块按照图 3-5-10 所示进行连线。

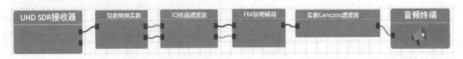

图 3-5-10　FM 接收模块连接框图

4. 系统联调(收发系统参数调整)

(1)信源参数设置:在"模拟信号源"模块上双击鼠标左键,参数设置如图 3-5-11所示。

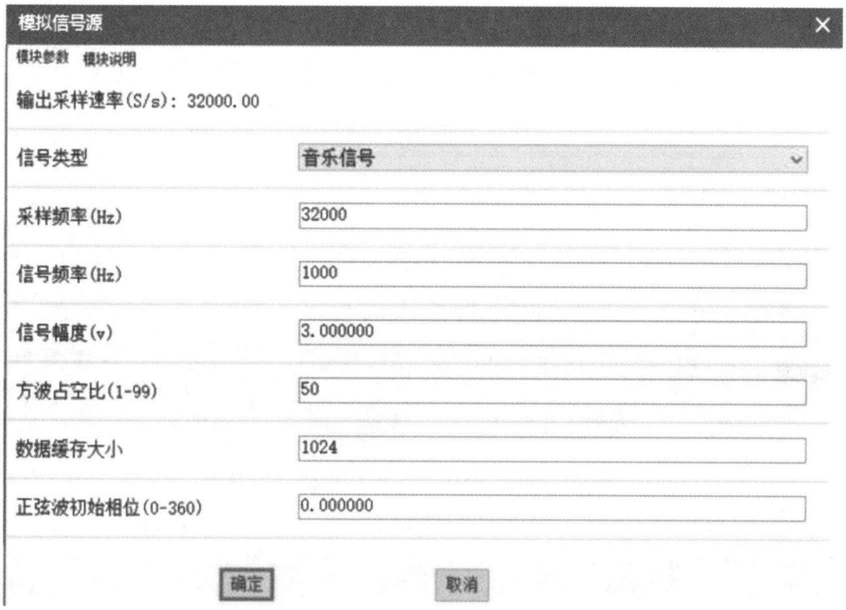

图 3-5-11　模拟信号源设置

　　(2)FM 调制参数设置：双击发射端"FM 基带调制"模块，参数设置如图 3-5-12 所示。

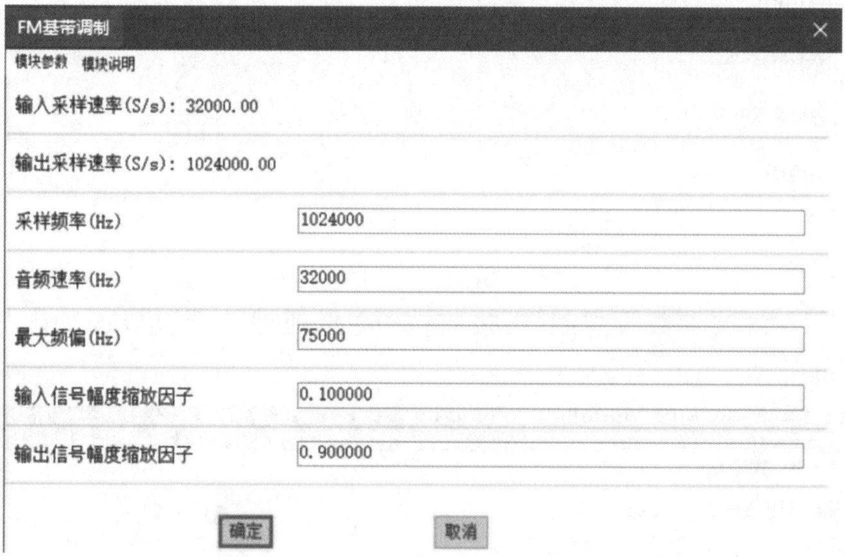

图 3-5-12　FM 基带调制参数设置

　　(3)发射参数设置：双击"UHD SDR 发射器"模块，参数设置如图 3-5-13 所示。

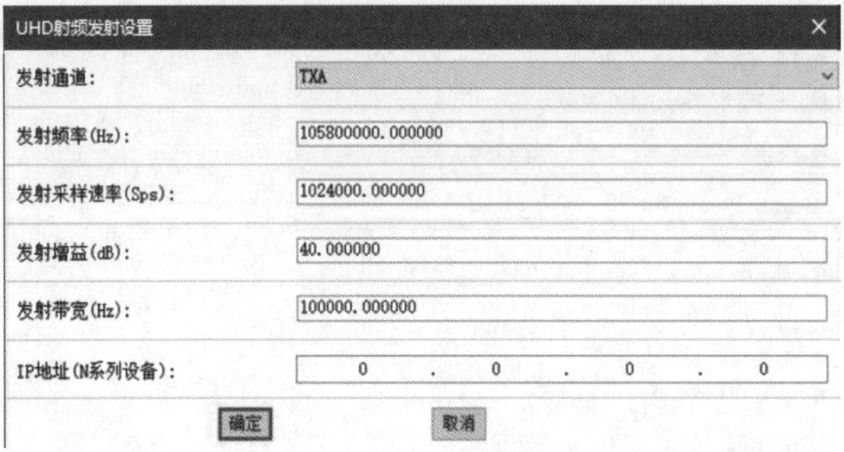

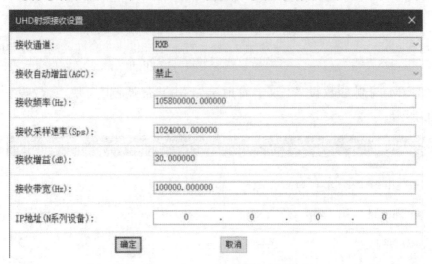

图 3-5-13　UHD SDR 发射器参数设置

（4）接收参数设置：双击"UHD SDR 接收器"模块，参数设置如图 3-5-14 所示。

图 3-5-14　UHD SDR 接收器参数设置

（5）IQ 滤波参数设置：双击接收端"IQ 低通滤波器"模块，参数设置如图3-5-15 所示。

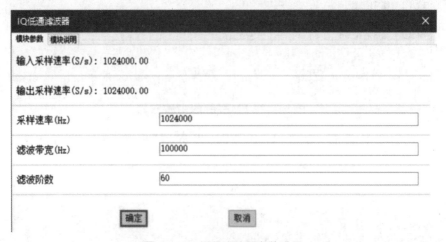

图 3-5-15　低通滤波器参数设置

（6）FM 解调参数设置：双击接收端"FM 基带解调"模块，参数设置如图3-5-16 所示。

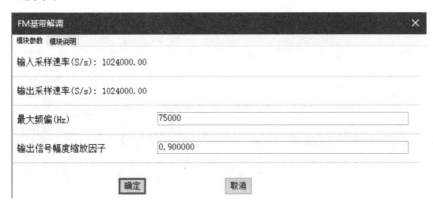

图 3-5-16　FM 基带调制模块参数设置

（7）低通滤波参数设置：双击接收端"实数 Lanczos 滤波器"模块，参数设置如图 3-5-17 所示。

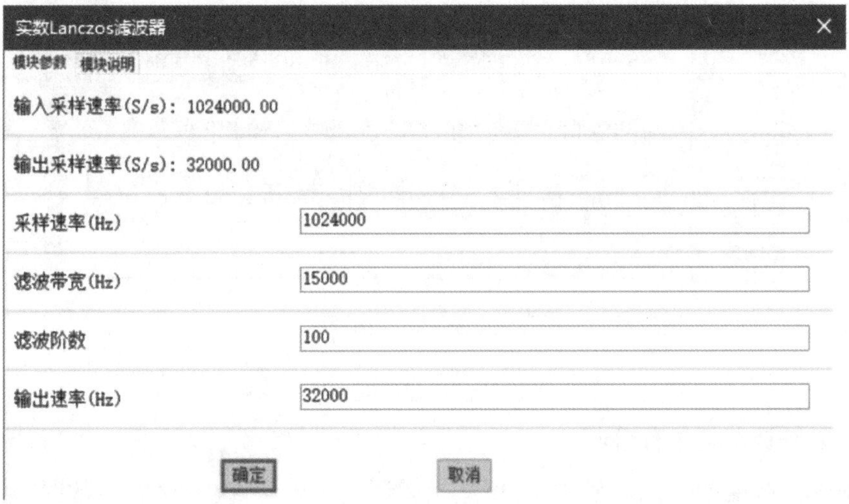

图 3-5-17　Lanczos 滤波器参数设置

（8）信宿参数设置：双击接收端"音频终端"模块，参数设置如图 3-5-18 所示。

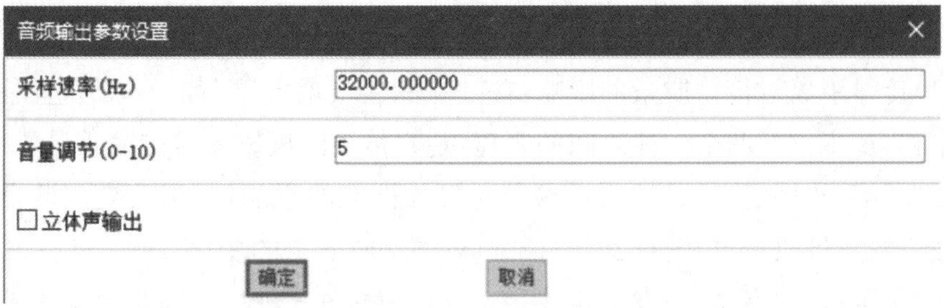

图 3-5-18　音频输出端参数设置

（9）开启仿真：如图 3-5-19(a)所示，选中发射器窗口，运行仿真，稍等片刻，待设备初始化完成。设备初始化完成后，将接收端的仿真窗口启动仿真，如图 3-5-19(b)所示，此时应能听到扬声器播放的音乐。

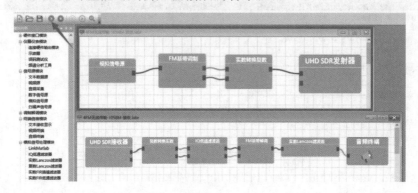

（a）发射器窗口启动仿真

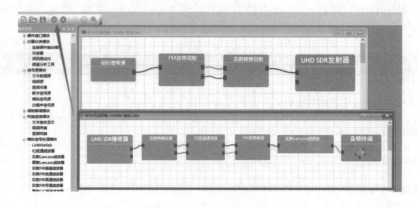

（b）接受端启动仿真

图 3-5-19　启动仿真

5. 系统调试与过程分析

根据接收端的音乐信号质量，可适当微调接收增益，改变接收参数时，建议停止接收系统的仿真，修改完参数再开启仿真，以使参数下发成功。

注：仿真运行后，数据若成功由 TXA 发送、RXB 接收，相应的指示灯会亮起；指示灯不亮，则表示射频前端没有正常启动起来；指示灯闪亮，则表示计算机性能过低或者参数设置不当，数据速率严重不匹配。

（1）传输距离对传输质量的影响：在一定的接收增益下（如 30 dB），捏住天线底座平移，逐步拉开两个天线之间的距离，观察传输距离改变时传输质量的变化。

（2）了解（软件定义的）接收机参数对接收性能的影响：分别改变接收器的工作频率、增益、接收带宽和自动增益控制，观察接收效果的变化。

（3）了解（软件定义的）发送机参数对接收性能的影响：分别改变发送器的工

作频率、增益和发射带宽,观察接收效果的变化。

(4)了解软件上 FM 基带调制中的最大频偏对接收性能的影响:如改变最大频偏为 10,观察接收效果有无变化。

思考:当调制端的频偏最大为 75 时,增大信源中音乐信号的振幅为 5V,若接收端的频偏最大为 10 时,接收端音量与质量有何变化?

(5)了解接收端各滤波器对接收性能的影响:改变滤波器带宽,使用示波器观察滤波前后的变化,如图 3-5-20 所示,分析滤波器在系统中的作用。

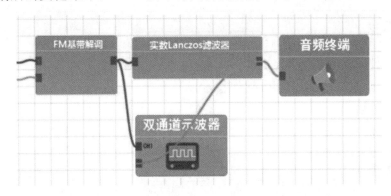

图 3-5-20　观察滤波前后音频信号的波形变化

(6)扩展训练:有兴趣的同学可以通过两台计算机、两台软件无线电设备进行一台发送、另一台接收的实验,完成设备间实时 FM 信号的无线收发。

思考:软件无线电平台上 FM 基带调制与传统的模拟调制有什么区别? 可从频域、已调信号波形等方面进行分析。

【实验报告】

(1)简述本实验中的信号传输过程。
(2)分析实验现象。

3.6　FIR 滤波器设计实验

【预备知识】

(1)预习 MATLAB 的基本编程技术。
(2)复习通信原理中关于 FIR 滤波器部分的知识。

【实验目的】

(1)掌握使用 MATLAB 实现 FIR 滤波器的方法。

(2)熟练使用 MATLAB 进行编程。

(3)熟练使用 e-LabRadio 进行二次开发。

【实验内容】

(1)基于 MATLAB 编程实现 FIR 低通滤波器开发,并加载到 e-LabRadio 软件上进行滤波测试。

(2)利用设计的滤波器进行音频信号的滤波实验。

【实验器材】

(1)软件无线电 eNodeX 30B	1台
(2)计算机(含 e-LabRadio 软件)	1台
(3)交换机	1台
(4)网线	若干

【实验准备】

(1)MATLAB 安装。本书中的实验使用的版本为 MATLAB 2015b 32-bits。

注:需将安装文件夹放在硬盘目录下(建议放在 C 盘),且 MATLAB 需要放置在全英文路径下。

(2)MATLAB 环境变量设置。

①如图 3-6-1 所示,用鼠标右键点击"计算机"→"属性",进入电脑"高级系统设置"→"环境变量"。

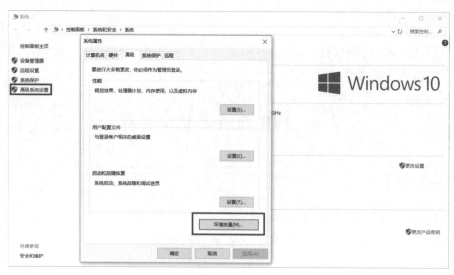

图 3-6-1　更改系统环境变量步骤(一)

②在系统变量中点击"Path"→"编辑",添加命令如图 3-6-2 和图 3-6-3 所示。

图 3-6-2　更改系统环境变量步骤(二)

图 3-6-3　更改系统环境变量步骤(三)

③重启电脑,以管理员身份运行 MATLAB 软件,在命令行窗口运行指令如图 3-6-4(a)所示,软件若成功弹出图 3-6-4(b)所示的命令窗口,则环境变量设置成功。

（a）

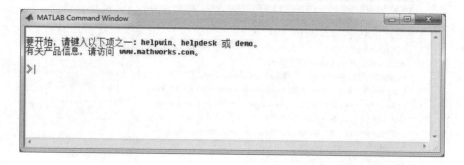

（b）

图 3-6-4　更改设置成功后 MATLAB 窗口界面

【实验原理】

(1)低通滤波器实验原理框图如图 3-6-5 所示。

图 3-6-5　FIR 滤波器实验原理框图

(2)FIR 滤波器开发。

MATLAB 源代码及说明如下。

①"lpf_fir. m" 文件。

```
%e-LabRadio 开发案例
%Din(:,1)输入 1 kHz＋3 kHz 信号
[m,n] = size(Din);
Dout = zeros(m,n);
%低通滤波输出
for idx = 1:m
    %数据移位寄存
    FIR_buf(BLen:-1:2) = FIR_buf(BLen-1:-1:1);
    FIR_buf(1) = Din(idx,1);
    FIR_Sum = 0.0;
    for kdx =1:BLen
        FIR_Sum = FIR_Sum + FIR_buf(kdx) * B_coeff(kdx);
    end
    Dout(idx,1) = FIR_gain * FIR_Sum;
end
```

②"Initializing. m"文件。

```
%低通滤波器
%fs = 32e3; fc=2e3; order = 50; Hamming
B_coeff = [
-0.000389292867920428,4.06963465891905e-19,0.000499584117310323,
0.00114746587297327,0.00191462138026636,...
    0.00266798759185721,  0.00316382275917359,  0.00308189616454755,
0.00210046168755659,-1.67472981879567e-18,-0.00322668785766457,...
```

```
      −0.00728639421520333，  −0.0115472504412720，  −0.0150705466621610，
−0.0167193483080564，−0.0153338180071435，−0.00994668249214233，…
      3.82732670799154e−18，   0.0144805656553698，   0.0327936815245237，
0.0535793416826878，0.0749523158222689，0.0947371633025857，…
      0.110769375640936，    0.121212753210053，    0.124837968878909，
0.121212753210053，0.110769375640936，0.0947371633025857，…
      0.0749523158222689，   0.0535793416826878，   0.0327936815245237，
0.0144805656553698，3.82732670799154e−18，−0.00994668249214233，…
      −0.0153338180071435，−0.0167193483080564，−0.0150705466621610，
−0.0115472504412720，−0.00728639421520333，−0.00322668785766457，…
      −1.67472981879567e−18，0.00210046168755659，0.00308189616454755，0.
00316382275917359，0.00266798759185721，0.00191462138026636，…
      0.00114746587297327，0.000499584117310323，4.06963465891905e−19，
−0.000389292867920428，…
      ];
      BLen = length(B_coeff);
      FIR_buf = zeros(BLen,1);
      FIR_gain = 2;
      FIR_Sum = 0;
```

③说明。"Initializing. m"文件为初始化文件，名称不要随意修改。以上代码仅供参考，学生可根据实际需求重新编写代码。此外，代码中的低通滤波器部分（"lpf_fir. m"）也可以通过 MATLAB 的 fdatool 工具进行设计，并生成相关参数，方法如下。

a. 在 MATLAB 命令行窗口处输入"fdatool"，并按下回车键，打开 fdatool 工具。

b. 设置滤波器参数。在 fdatool 软件界面中选择"Response Type"为"Lowpass"，即低通滤波器；选择"Design Method"为"FIR window"，即 FIR 滤波器加窗；选择"Filter Order"为"Specify order：50"，即 50 阶滤波器；选择"Options"为"Window：Hamming"，即汉明窗；设置"FS"为"32000"，即采样速率为 32 kHz；设置"Fc"为"2000"，即截止频率为 2 kHz，如图 3-6-6 所示。

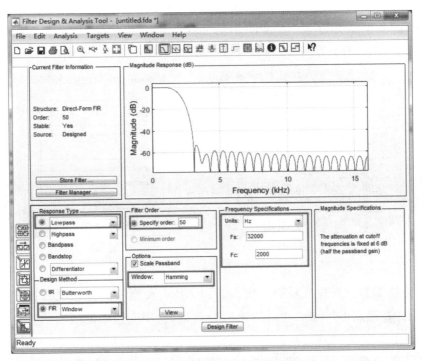

图 3-6-6　利用 fdatool 工具设计滤波器步骤(一)

注：滤波器的参数需根据实际需要进行设置，本实验中可以尝试设计其他的滤波器参数进行测试。

c. 滤波器参数导出。参数设置完成后，点击 fdatool 工具下方的"Design Filter"，设计滤波器，同时可以看到 fdatool 工具生成的幅频响应曲线，如图 3-6-7 所示。

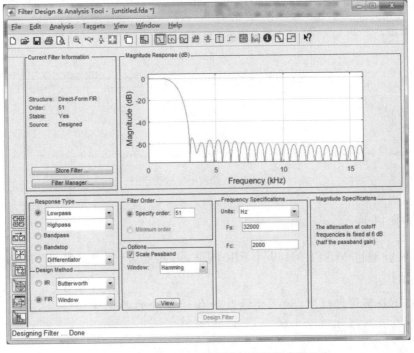

图 3-6-7　利用 fdatool 工具设计滤波器步骤(二)

点击"File"→"Export"，弹出滤波器参数导出窗口，勾选"Overwrite Variables"，并点击下方的"Export"，将参数导出，如图 3-6-8 所示。

图 3-6-8　利用 fdatool 工具设计滤波器步骤（三）

d. 滤波器参数查看及复制。在 MATLAB 主页面的工作区栏双击"Num"变量，用鼠标左键点击"Num"变量的第一行首列，选中变量中的所有值并复制到空白的 txt 文档即可，如图 3-6-9 所示。

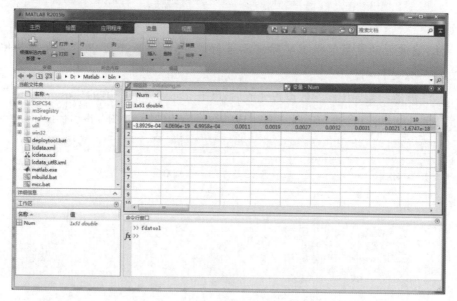

图 3-6-9　滤波器参数查看

【实验项目】

本实验通过 MATLAB 设计 FIR 滤波器，并加载到 e-LabRadio 软件上进行滤波测试。

注：①在实验过程中，如果要修改除信号源外的其他模块参数，应先关闭仿真，再进行参数修改。

②实验之前应先安装 MATLAB 2015b,并按要求设置环境变量。

1. 硬件资源准备

(1)连接和启动硬件设备。将硬件设备后部的 USB 3.0 接口用附带的 USB 3.0 数据线进行连接,将设备后部的 ETH 接口与计算机的以太网接口连接好(或与计算机连接到同一个交换机或路由器上),在软件无线电创新实践平台的射频收发部分 RXA 和 TXA 处接上 GSM 吸盘天线。

(2)开启 eNodeX 硬件与计算机 IP 地址配置方法等如前文所述。

2. 搭建实验框图

参照前述启动 e-LabRadio 软件及创建新实验区域。

(1)展开 e-LabRadio 软件"系统库"中的"信号源模块",双击"模拟信号源",然后将鼠标移动到右侧实验区域,再点击鼠标左键,放置模块,如图3-6-10所示。

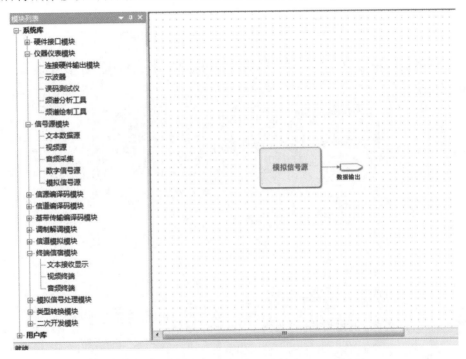

图 3-6-10　在 e-LabRadio 软件界面下创建实验

注:若创建 LinkMatlab 模块失败,应检查计算机上是否正确安装了 MATLAB 2015b。

(2)按同样的方法,将"模拟信号处理模块"里的"LinkMatlab"模块以及"仪器仪表模块"里的"示波器"模块放置到实验区域,将所有模块按图 3-6-11 所示进行连线。

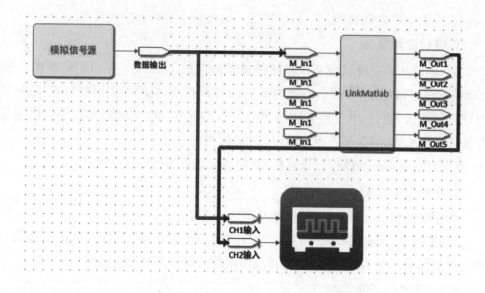

图 3-6-11　模拟信号(1 kHz＋3 kHz 正弦波)的滤波实验框图

（3）用鼠标左键双击"模拟信号源"模块，弹出参数设置框，参数设置如图 3-6-12所示。

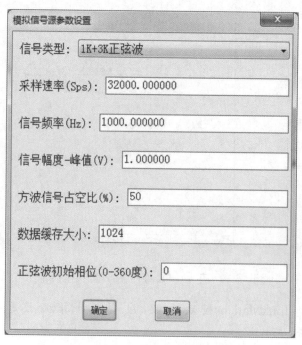

图 3-6-12　模拟信号源参数设置

（4）用鼠标左键双击"LinkMatlab"模块，弹出如图 3-6-13 所示参数设置框。

图 3-6-13　"LinkMatlab"模块参数设置

(5)将 MATLAB 算法采样速率改为 32 kHz,点击"加载 m 文件",找到"lpf_fir.m"文件存放路径后,点击"确定",加载 FIR 滤波器算法程序,如图 3-6-14所示。

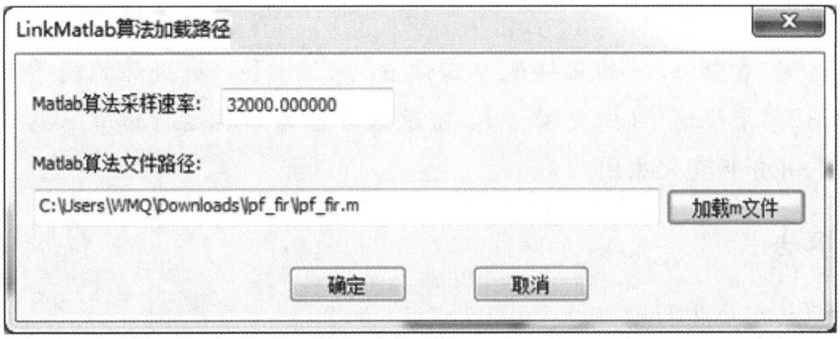

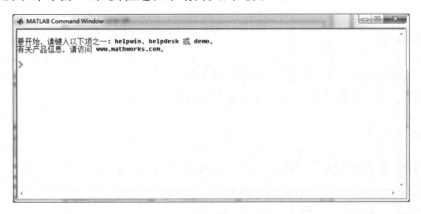

图 3-6-14　"LinkMatlab"模块加载算法程序

(6)开启仿真电源,观测仿真结果。仿真运行时,MATLAB 会弹出如图3-6-15所示命令窗口,在实验过程中请勿关闭此窗口。

图 3-6-15　仿真过程中 MATLAB 弹窗

3. 观测实验现象

(1)双击打开示波器,观察经过滤波前后的两路波形。

（2）自行使用 fdatool 工具生成其他滤波器参数，替换"Initializing. m"文件里的滤波器参数，重复上述实验步骤，验证滤波器的滤波性能。

（3）有兴趣的同学可以将数据源输出的"1 kHz＋3 kHz 正弦波"改为"音乐数据"，在信宿端采用"终端信宿模块"里的"音频终端"，感受经过滤波后的音频信号的效果。实验框图搭建如图 3-6-16 所示。

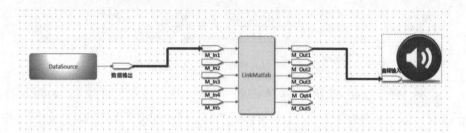

图 3-6-16　音频信号的滤波实验框图

注：这里"音频终端"的采样速率需设置为 32 kHz。有兴趣的同学可以改变"音频终端"的采样速率（先关闭仿真，修改采样速率后再运行仿真），感受音乐信号的变化，并分析变化原因。

【实验报告】

（1）记录实验波形。
（2）分析实验现象。

3.7　FM 收音机设计实验

【预备知识】

（1）预习 MATLAB 的基本编程技术知识。
（2）复习通信原理中关于 FM 收音机部分的知识。

【实验目的】

（1）掌握通过 MATLAB 编程设计实现收音机功能的方法。
（2）熟练使用 MATLAB 进行编程。
（3）熟练使用 e-LabRadio 进行二次开发。

【实验内容】

（1）基于 MATLAB 编程实现 FM 收音机功能，并加载到 e-LabRadio 软件上实现 FM 本地仿真信号的接收。

(2)利用设计的 FM 收音机接收 FM 电台信号。

【实验器材】

(1)软件无线电 eNodeX 30B	1 台
(2)计算机(含 labtech UHD2UDP、e-LabRadio 软件)	1 台
(3)交换机	1 台
(4)网线	若干

【实验原理】

1. 实验原理框图

实验原理框图如图 3-7-1 所示。

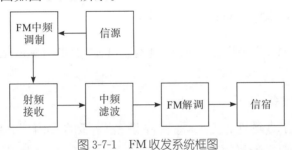

图 3-7-1　FM 收发系统框图

2. 实验源代码

(1)"fm_rx. m"文件(实现 FM 接收机功能)。

```
%e-LabRadio 二次开发案例
%Din(:,1)输入实部信号
%Din(:,2)输入虚部信号
[m,n] = size(Din);
Dout = zeros(m,n);
rxSig = complex(Din(:,1),Din(:,2));
%鉴相
phase = angle(rxSig . * conj([lastSample; rxSig(1:end-1,:)]));
lastSample = rxSig(end,:);
%解调
yfmDem = (Fs/(2 * pi * FrequencyDeviation)). * phase;
%输出
Dout(:,1) = yfmDem;
```

（2）"Initializing. m"文件。

```
%fm 接收
lastSample = 1;
Fs = 512e3;
FrequencyDeviation = 75e3;
```

3. 说明

"Initializing. m"文件为初始化文件,名称不要随意修改。

注:在实验过程中,如果要修改除信号源外的其他模块参数,应先关闭仿真,再进行参数修改。

【实验项目】

一、FM 接收本地仿真信号

本实验通过 MATLAB 设计 FM 接收机,并加载到 e-LabRadio 软件上进行本地 FM 信号接收。

1. 硬件资源准备

（1）连接和启动硬件设备。将硬件设备后部的 USB 3.0 接口用附带的 USB 3.0 数据线连接到计算机上,将设备后部的 ETH 接口与计算机的以太网接口连接,或与计算机连接到同一个交换机或路由器上,再将软件无线电创新实践平台的射频收发部分 RXA 和 TXA 处接上 GSM 吸盘天线。

（2）开启 eNodeX 硬件与计算机 IP 地址配置方法等如前文所述。

2. 搭建实验框图

参照前述启动 e-LabRadio 软件及创建新实验区域。

（1）展开"系统库"中的"信号源模块",双击"模拟信号源",然后将鼠标移动到右侧实验区域,再点击鼠标左键,放置模块。

（2）将"模拟信号处理模块"里的"LinkMatlab""IQ 中频滤波器""抽取滤波器""FM 调制"模块,"类型转换模块"里的"复数转换实数"模块以及"终端信宿模块"里的"音频终端"模块放置到实验区域,具体可参照 3.6 节中的实验步骤。

（3）将所有模块按图 3-7-2 所示进行连线。

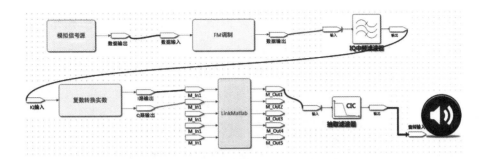

图 3-7-2　各功能模块连接框图

（4）用鼠标左键双击"模拟信号源"模块，参数设置如图 3-7-3 所示。

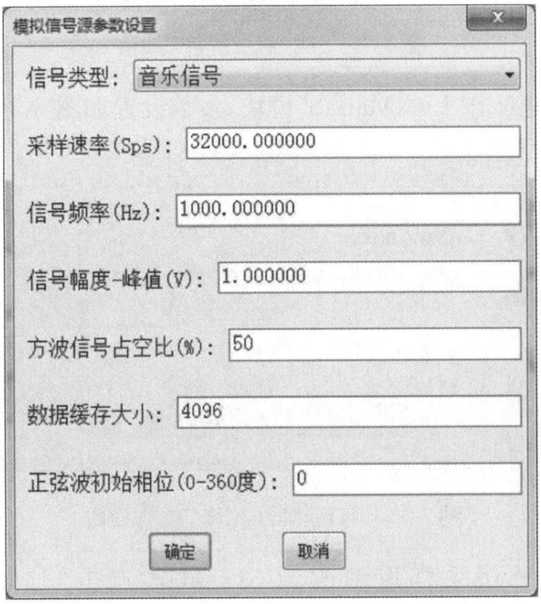

图 3-7-3　模拟信号源参数设置

（5）用鼠标左键双击"FM 调制"模块，参数设置如图 3-7-4 所示。

图 3-7-4　FM 调制模块参数设置

（6）用鼠标左键双击"IQ中频滤波器"模块，参数设置如图3-7-5所示。

图3-7-5　中频滤波器参数设置

（7）用鼠标左键双击"LinkMatlab"模块，参数设置如图3-7-6所示。

图3-7-6　"LinkMatlab"模块参数设置

将 MATLAB 算法采样速率改为 512 kHz，点击"加载 m 文件"，找到
"fm_rx. m"文件的存放路径后，点击"确定"，加载 FM 接收算法程序，如图 3-7-8
所示。

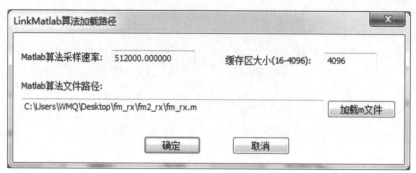

图3-7-8　"LinkMatlab"模块加载算法程序文件

（8）用鼠标左键双击"抽取滤波器"模块，参数设置如图3-7-9所示。

图 3-7-9　抽取滤波器参数设置

注：本模块的主要作用是将 512 kHz 的采样速率降为音频终端模块可处理的 32 kHz。

（9）用鼠标左键双击"音频终端"模块，弹出参数设置框，参数设置如图 3-7-10 所示。

图 3-7-10　音频输出终端参数设置

（10）开启仿真电源，观察实验结果。

注：仿真运行时会弹出命令窗口，实验过程中请勿关闭该窗口。

3. 观测实验现象

（1）调整计算机上扬声器的音量大小至合适位置，感受音乐信号的传输效果。

（2）有兴趣的同学可以改变实验过程中的相关参数，感受实验效果。

注：e-LabRadio 实验模块的采样速率需与 MATLAB 算法速率保持一致，并与音频信号的采样速率（默认 32 kHz）保持倍数关系。若电脑性能不足导致信号出现卡顿现象，可以调用"类型转换模块"里的"数据存储器"，先将 FM 信号保存在该存储器里，然后调用"数据读取器"，读取保存的数据进行后续信号处理。

二、FM 接收电台信号

在 e-LabRadio 软件平台上，利用 MATLAB 设计的 FM 接收机进行实际广播电台信号的接收。

1. 硬件资源准备及软件资源准备

同 FM 接收本地仿真信号实验。

2. 搭建实验框图

(1)展开"系统库"中的"硬件接口模块",双击"射频接收",然后将鼠标移动到右侧实验区域,再点击鼠标左键,放置模块,如图 3-7-11 所示。

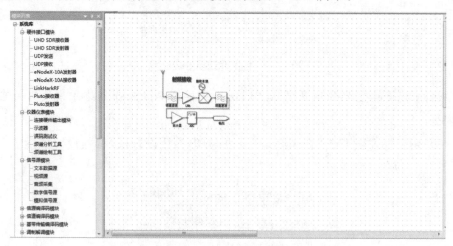

图 3-7-11　在 e-LabRadio 软件界面下启动实验

(2)将"模拟信号处理模块"里的"LinkMatlab""IQ 中频滤波器""抽取滤波器"模块,"类型转换模块"里的"复数转换实数"模块以及"终端信宿模块"里的"音频终端"模块放置到实验区域,将所有模块按如图 3-7-12 所示进行连线。

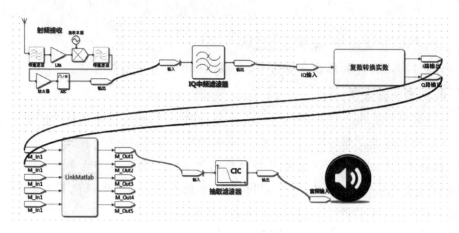

图 3-7-12　FM 电台接收机实验框图

(3)用鼠标左键双击"IQ 中频滤波器"模块,参数设置如图 3-7-13 所示。

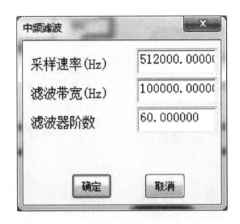

图 3-7-13　中频滤波器参数设置

（4）用鼠标左键双击"LinkMatlab"模块，参数设置如图 3-7-14 所示。

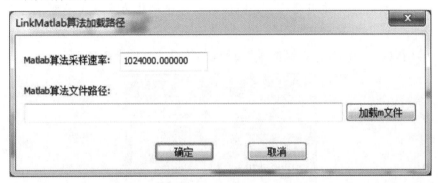

图 3-7-14　"LinkMatlab"模块参数设置

将 MATLAB 算法采样速率改为 512 kHz，点击"加载 m 文件"，找到"fm_rx. m"文件的存放路径后，点击"确定"，加载 FM 接收机算法程序，如图 3-7-15所示。

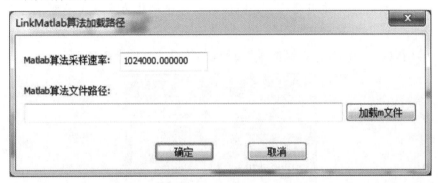

图 3-7-15　"LinkMatlab"模块加载算法程序文件

（5）用鼠标左键双击"抽取滤波器"模块，参数设置如图 3-7-16 所示。

图 3-7-16　抽取滤波器参数设置

注:本模块的主要作用是将 512 kHz 的采样速率降为音频终端模块可处理的 32 kHz。

(6)用鼠标左键双击"音频终端"模块,参数设置如图 3-7-17 所示。

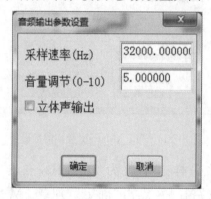

图 3-7-17　音频输出端参数设置

(7)开启仿真电源。

(8)双击射频接收模块,弹出如图 3-7-18 所示 FM 射频接收参数设置窗口,将接收参数设置为本地的电台频率。

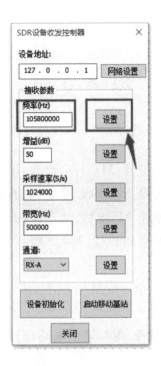

图 3-7-18　FM 射频接收参数设置

　　稍等片刻，即可在计算机扬声器上播放解调出的电台信号。在仿真运行时，也可实时改变接收频率来切换不同的电台节目。

　　注：本模块的参数需要点击后面的设置按键后才能下发，下发成功后，UHD2UDP 软件的"射频发送"端的参数会与此处设置的参数保持一致。

【实验报告】

　　(1)记录实验波形。

　　(2)分析实验现象。

参考文献

[1]樊昌信,曹丽娜. 通信原理[M]. 7 版. 北京:国防工业出版社,2012.

[2]樊昌信. 通信原理教程[M]. 4 版. 北京:电子工业出版社,2019.

[3]陶亚雄. 现代通信原理[M]. 5 版. 北京:电子工业出版社,2017.

[4]蔡良伟. 数字电路与逻辑设计[M]. 4 版. 西安:西安电子科技大学出版社,2021.

[5]高吉祥,陈威兵. 高频电子线路与通信系统设计[M]. 北京:电子工业出版社,2019.

[6]刘长军,黄卡玛,朱铧丞. 射频通信电路设计[M]. 2 版. 北京:科学出版社,2017.

[7]何林娜. 数字移动通信技术[M]. 2 版. 北京:机械工业出版社,2010.

[8]罗伟雄. 通信电路与系统[M]. 2 版. 北京:北京理工大学出版社,2007.

[9]陈尚松,雷加,郭庆. 电子测量与仪器[M]. 北京:电子工业出版社,2005.

[10]林占江,林放. 电子测量技术[M]. 4 版. 北京:电子工业出版社,2019.

[11]赵文宣. 电子测量与仪器应用[M]. 北京:电子工业出版社,2012.

附录　部分实验的实际波形与频谱参考图

附录一　抽样定理实验参考波形

一、抽样信号观测及抽样定理验证

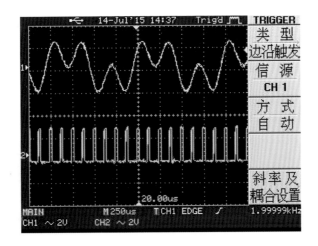

图 1-1　被抽样信号 MUSIC 和抽样脉冲 A-OUT

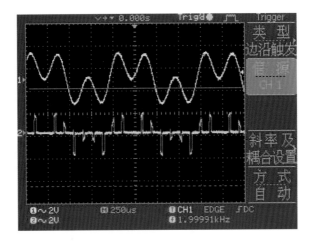

图 1-2　自然抽样前后的信号波形

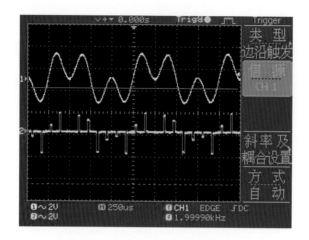

图 1-3　平顶抽样前后的信号波形

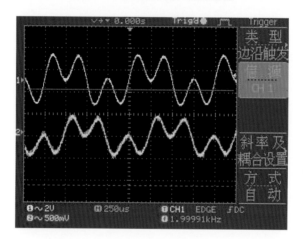

图 1-4　抽样频率(A-OUT)为 9 kHz 时的被抽样信号和恢复信号

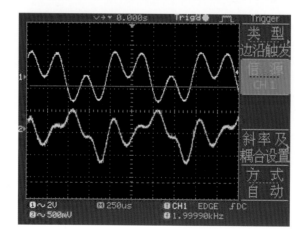

图 1-5　抽样频率(A-OUT)约为 7 kHz 时的被抽样信号和恢复信号

　　注:当 A-OUT 为 7 kHz 时,恢复信号已经失真。可见,当抽样脉冲频率逐渐减小时,恢复信号输出会出现失真。

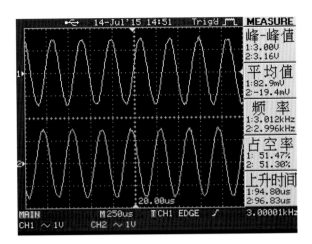

图 1-12　当输入信号为 3 kHz 时的输入信号(A-OUT)和 LPF-OUT 输出信号

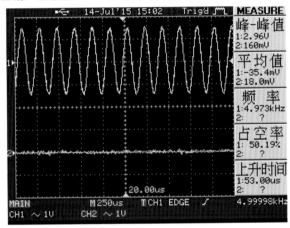

图 1-13　当输入信号为 5 kHz 时的输入信号(A-OUT)和 FIR 输出信号(译码输出)

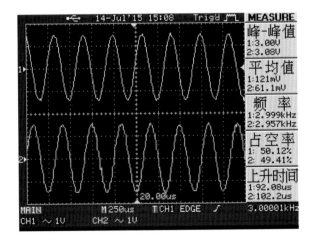

图 1-14　当输入信号为 3 kHz 时的输入信号(A-OUT)和 FIR 输出信号(译码输出)

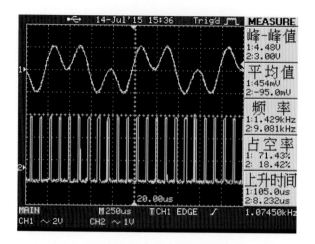

图 1-15　待抽样信号 MUSIC 和抽样脉冲 A-OUT

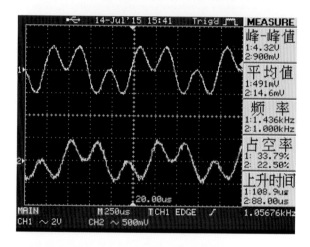

图 1-16　待抽样信号 MUSIC 和抗混叠低通滤波器的输出信号(LPF-OUT)(一)

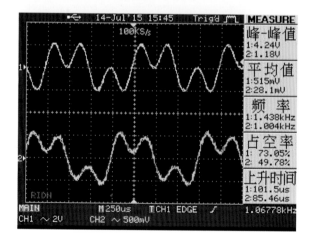

图 1-17　待抽样信号 MUSIC 和 FIR 低通滤波器的输出信号(译码输出)(一)

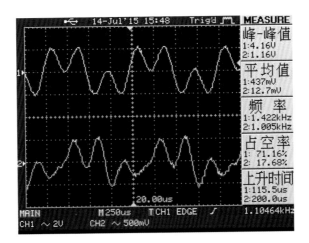

图 1-18　待抽样信号 MUSIC 和抗混叠低通滤波器的输出信号(LPF-OUT)(二)

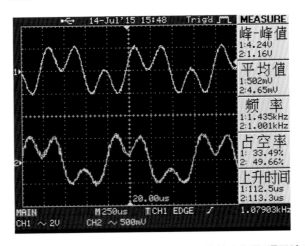

图 1-19　待抽样信号 MUSIC 和 FIR 低通滤波器的输出信号(译码输出)(二)

三、滤波器相频特性对抽样信号恢复的影响

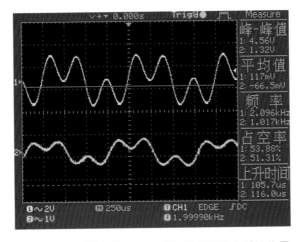

图 1-20　被抽样信号 MUSIC 和 FIR 滤波恢复输出信号

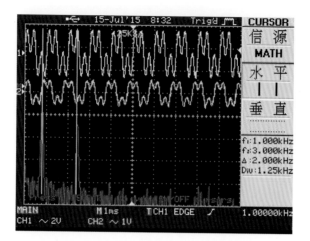

图 1-21 FIR 滤波恢复输出信号的频谱

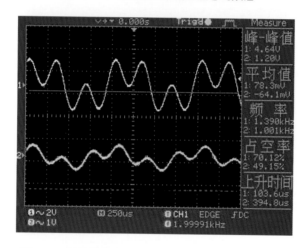

图 1-22 被抽样信号 MUSIC 和 IIR 滤波恢复输出信号

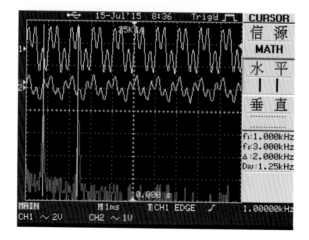

图 1-23 IIR 滤波恢复输出信号的频谱

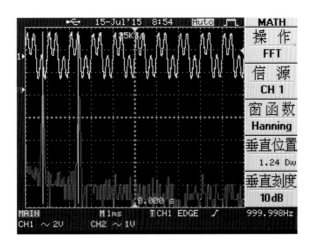

图 1-24 被抽样信号 1 kHz＋3 kHz 正弦波的频谱

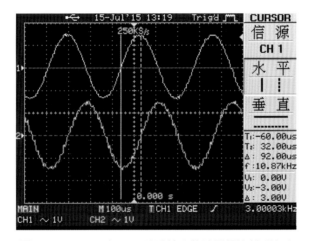

图 1-25 A-OUT 与 FIR 滤波输出的波形相位关系(一)

注:示波器蓝色纵向标尺,例图中延时差值约为 92 μs,则相位差约为 $2\pi f_0 t_0 = 360° \times 3 \times 10^3 \times 92 \times 10^{-6} = 99.4°$。

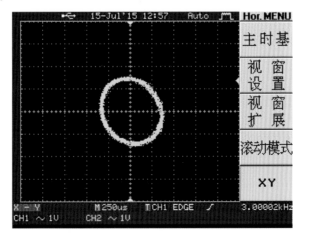

李萨如图形

图 1-26 A-OUT 与 FIR 滤波输出的波形相位关系(李萨如图形)(一)

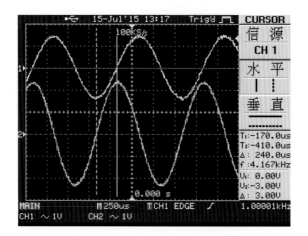

图 1-27 A-OUT 与 FIR 滤波输出的波形相位关系(二)

注:示波器蓝色纵向标尺,例图中延时差值为 240 μs,则相位差为 86.4°。

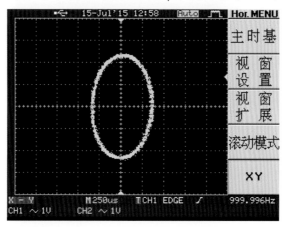

图 1-28 A-OUT 与 FIR 滤波输出的波形相位关系(李萨如图形)(二)

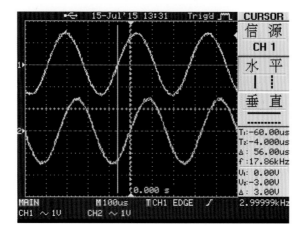

图 1-29 A-OUT 与 IIR 滤波输出的波形相位关系(一)

注:示波器蓝色纵向标尺,例图中延时差值约为 56 μs,则相位差约为 60.5°。

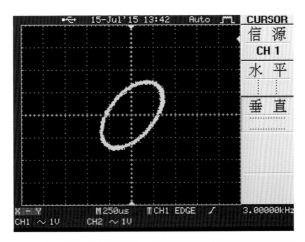

图 1-30　A-OUT 与 IIR 滤波输出的波形相位关系(李萨如图形)(一)

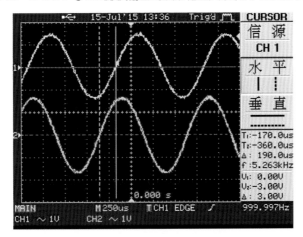

图 1-31　A-OUT 与 IIR 滤波输出的波形相位关系(二)

注:示波器蓝色纵向标尺,例图中延时差值约为 190 μs,则相位差约为 68.4°。

图 1-32　A-OUT 与 IIR 滤波输出的波形相位关系(李萨如图形)(二)

附录二　脉冲编码调制与解调实验参考波形

一、测试 W681512 的幅频特性

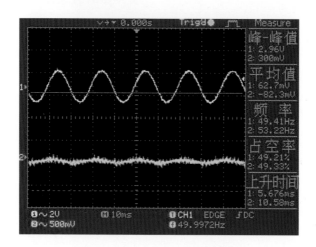

图 2-1　A-OUT(50 Hz)和音频输出

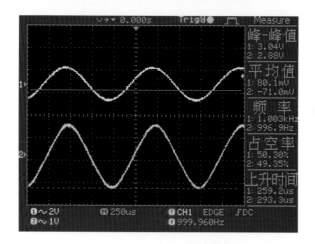

图 2-2　A-OUT(1 kHz)和音频输出

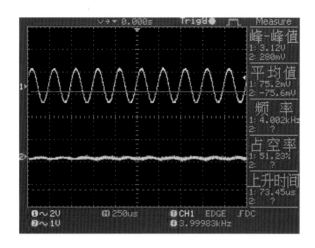

图 2-3　A-OUT(4 kHz) 和音频输出

二、PCM 编码规则验证

表 2-1　编码输入信号和编码输出信号波形对比

帧同步信号	A 律波形	μ 律波形
编码输入信号		
PCM 量化输出信号		
PCM 编码输出信号		

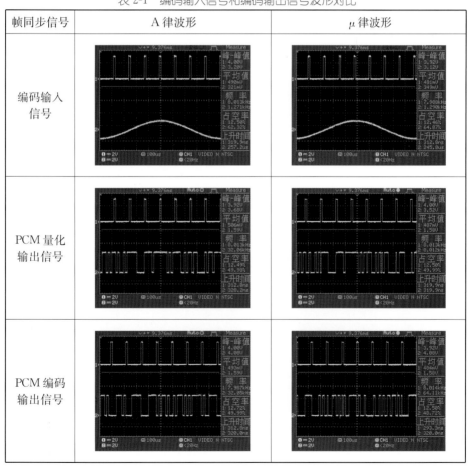

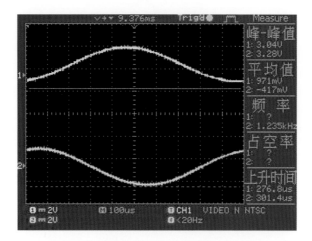

图 2-4 编码输入信号和译码输出（A 律）

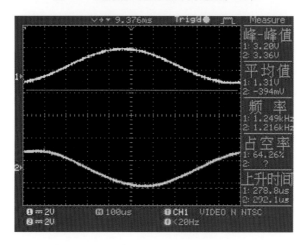

图 2-5 编码输入信号和译码输出（μ 律）

三、PCM 编码时序观测

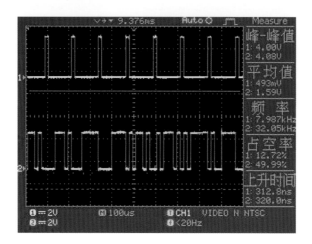

图 2-6 PCM 编码输出信号

四、PCM 编码 A/μ 律转换实验

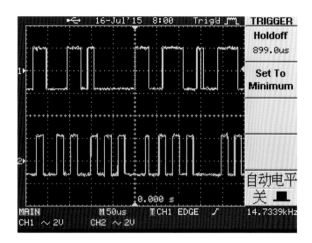

图 2-7　A 律编码输出信号和 A/μ 律转换后的输出信号

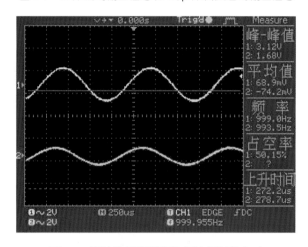

图 2-8　原始信号和译码恢复信号对比（一）

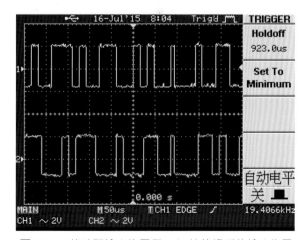

图 2-9　μ 律编码输出信号和 μ/A 律转换后的输出信号

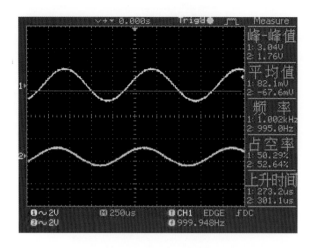

图 2-10　原始信号和译码恢复信号对比(二)

附 录 三　增 量 调 制 与 解 调 实 验 参 考 波 形

一、ΔM 编码规则实验

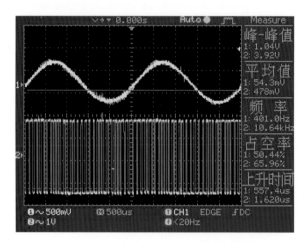

图 3-1　TP$_4$(信源延时)和 TH$_{14}$(编码输出)波形

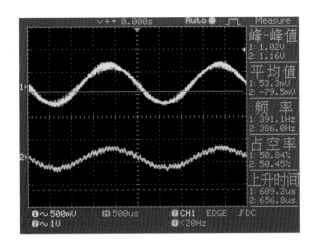

图 3-2 TP₄(信源延时)和 TP₃(本地译码)波形

二、量化噪声观测

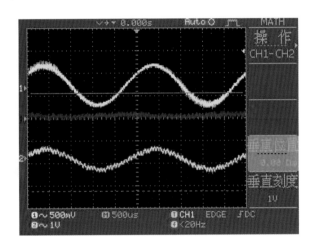

图 3-3 ΔM 量化噪声

三、不同量阶下 ΔM 编译码的性能

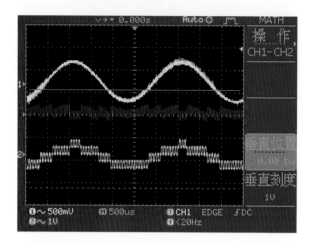

图 3-4　量阶为 3000,输入正弦波峰-峰值为 1 V 时的量化噪声

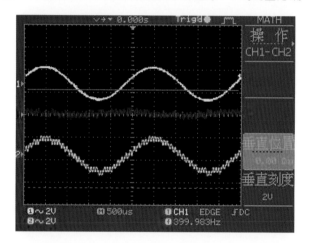

图 3-5　量阶为 3000,输入正弦波峰-峰值为 3 V 时的量化噪声

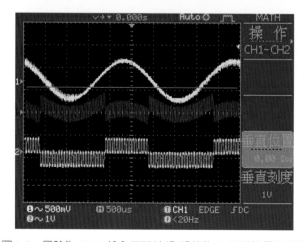

图 3-6　量阶为 6000,输入正弦波峰-峰值为 1 V 时的量化噪声

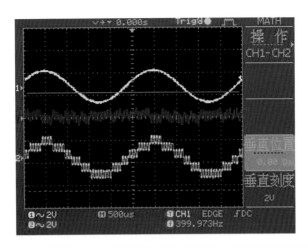

图 3-7 量阶为 6000,输入正弦波峰-峰值为 3 V 时的量化噪声

四、CVSD 量阶观测

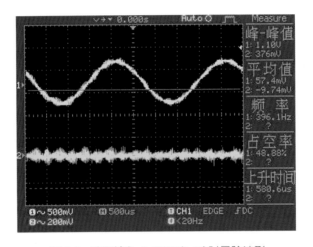

图 3-8 编码输入 A-OUT(1 V)时量阶波形

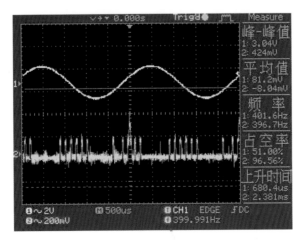

图 3-9 编码输入 A-OUT(3 V)时量阶波形

五、CVSD 一致脉冲观测

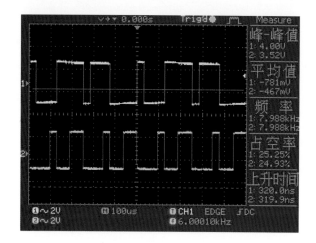

图 3-10　输出的"一致脉冲"

六、CVSD 量化噪声观测

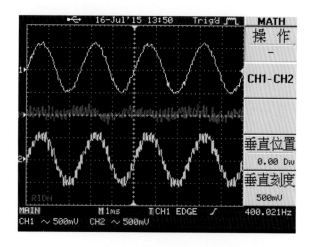

图 3-11　CVSD 量化噪声(信源延时和本地译码波形之差)(一)

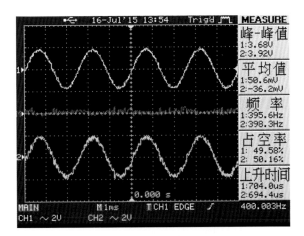

图 3-12　CVSD 量化噪声(信源延时和本地译码波形之差)(二)

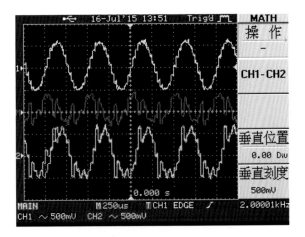

图 3-13　CVSD 量化噪声(信源延时和本地译码波形之差)(三)

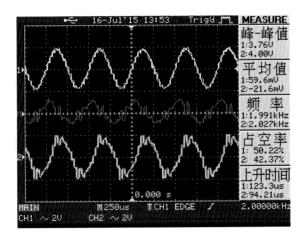

图 3-14　CVSD 量化噪声(信源延时和本地译码波形之差)(四)

　　注:由以上分析可知,随着输入信号频率的增加,(自适应)增量调制的量化噪声功率增加,系统性能变差。

附录四　码型变换实验参考波形

一、AMI 编译码(归零码实验)

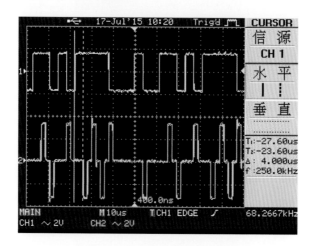

图 4-1　编码输入的数据 TH_3 和编码输出的数据 TH_{11}（AMI 输出）

注：图 4-1 中实线标尺处的"1"电平，对应编码输出为"－10"，是负电平（如虚线标尺处）。

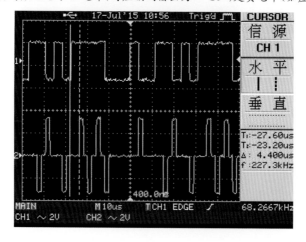

图 4-2　编码输入和编码输出的波形（"1"码对应极性交替的正负电平）

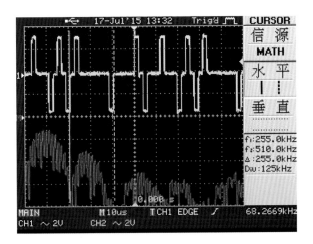

图 4-3　编码输出信号及其频谱

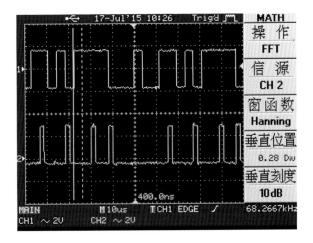

图 4-4　基带码元（TH₃）奇数位的变换波形（AMI-A₁）

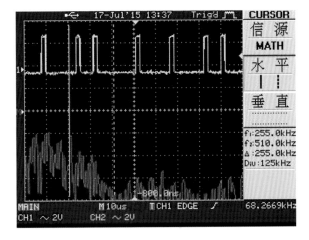

图 4-5　基带码元（TH₃）奇数位的变换波形（AMI-A₁）及其频谱

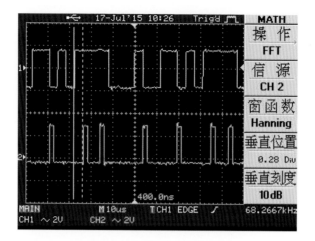

图 4-6　基带码元（TH_3）偶数位的变换波形（$AMI\text{-}B_1$）

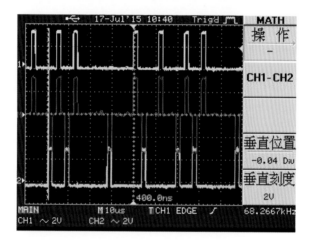

图 4-7　$AMI\text{-}A_1$、$AMI\text{-}B_1$ 及其相减后的输出波形

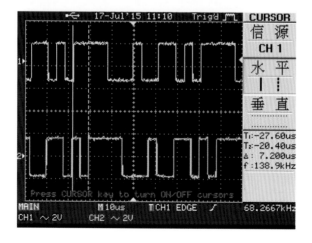

图 4-8　编码输入数据和译码输出数据

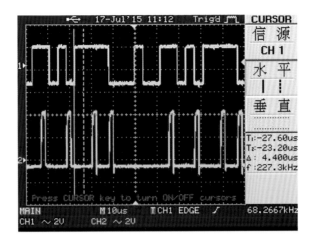

图 4-9　编码输入（TH_3）和 AMI-A_2

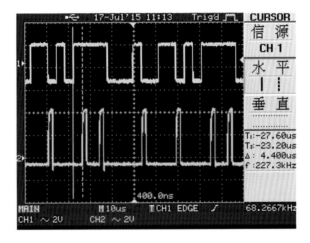

图 4-10　编码输入（TH_3）和 AMI-B_2

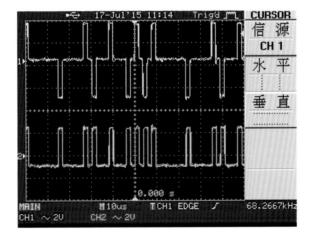

图 4-11　TH_2（AMI 输入）和 TH_6（AMI 经整流为单极性码）

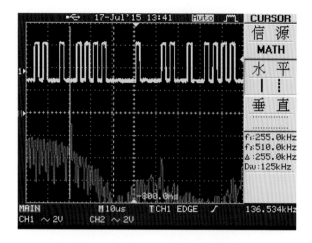

图 4-12　TH₅(单极性码)及其频谱

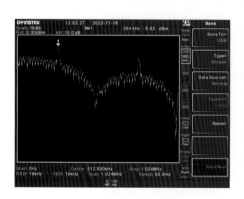

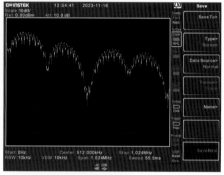

（a)TH₅(单极性码)的频谱　　　　　　　（b)TH₂(AMI 输入)的频谱

图 4-13　TH₅(单极性码)与 TH₂(AMI 输入)频谱对比

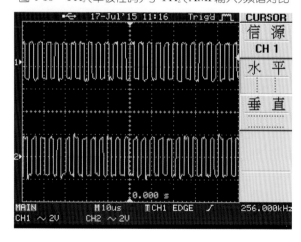

图 4-14　恢复的位时钟(蓝色)信号波形与原始的位时钟信号波形对比

二、AMI 编译码(非归零码实验)

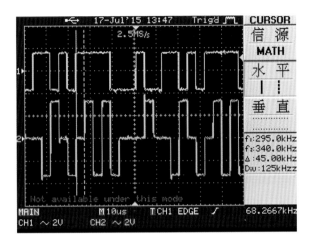

图 4-15　TH$_3$ 输入和 AMI 输出(非归零码)

三、AMI 码对连"0"信号的编码、直流分量以及时钟信号的提取与观测

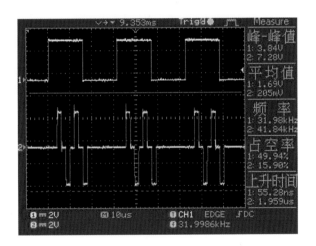

图 4-16　TH$_3$(编码输入数据)和 TH$_{11}$(AMI 编码输出)

注:观察时注意码元的对应位置。

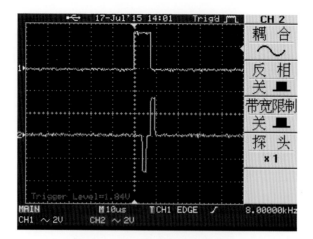

图 4-17 AMI 编码输出波形(一)

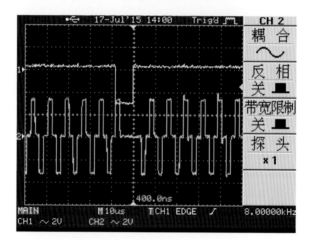

图 4-18 AMI 编码输出波形(二)

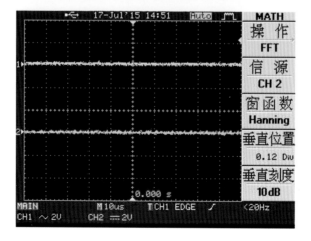

图 4-19 全"0"时编码输入数据和 AMI 编码输出

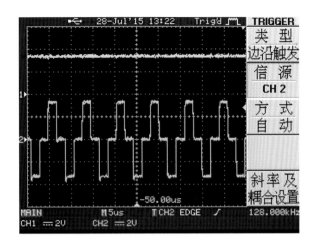

图 4-20　全"1"时编码输入数据和 AMI 编码输出

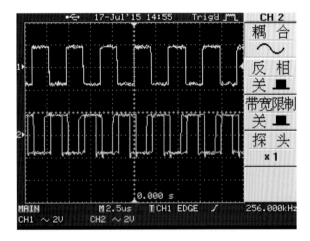

图 4-21　全"0"时恢复时钟与原始时钟不同步

注：当拨码开关为全"0"时，编码输入时钟和译码输出时钟测试点的信号是相对滑动的。

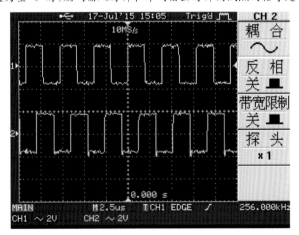

图 4-22　全"1"时恢复时钟与原始时钟同步

注：当拨码开关为全"1"时，译码输出时钟和编码输入时钟是相对同步显示的。

四、HDB₃ 编译码(256 kHz 归零码实验)

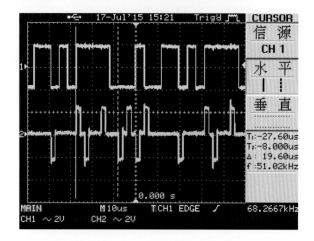

图 4-23　编码输入数据 TH₃ 和编码输出数据 TH₁(HDB₃ 输出)

注:(1)观察时注意码元的对应位置。

(2)上图中实线标尺处的"1"电平,对应编码输出为"10"是负电平(如虚线标尺处)。

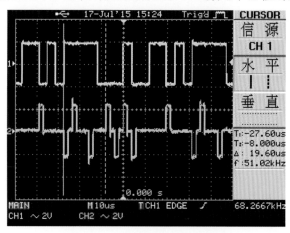

图 4-24　"1"码与其对应编码输出

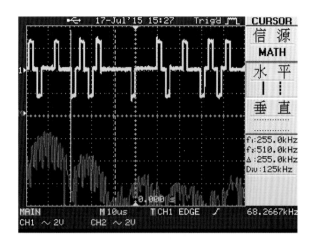

图 4-25　编码输出信号及其频谱

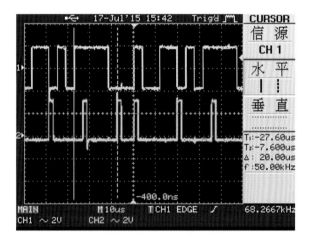

图 4-26　编码输入数据 TH_3 与其奇数位的变换波形

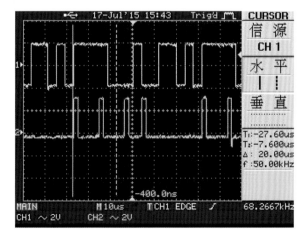

图 4-27　编码输入数据 TH_3 与其偶数位的变换波形

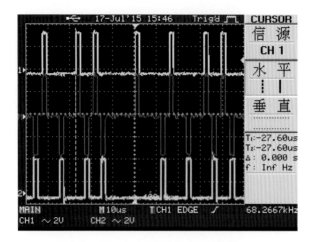

图 4-28　HDB$_3$-A$_1$、HDB$_3$-B$_1$ 及其相减后的波形

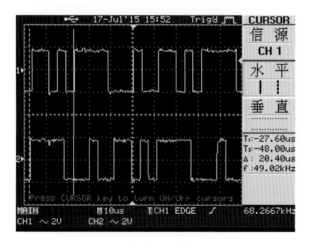

图 4-29　编码输入与译码输出波形

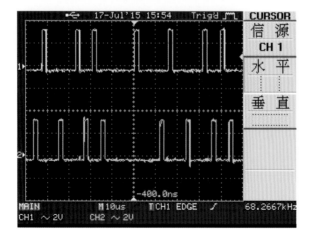

图 4-30　HDB$_3$ 码经电平变换后的 TP$_4$（HDB$_3$-A$_2$）和 TH$_8$（HDB$_3$-B$_2$）波形

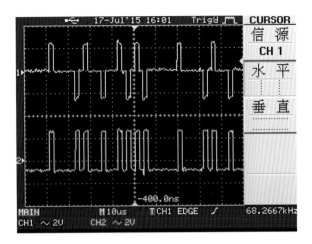

图 4-31　TH$_2$（HDB$_3$ 输入）和 TH$_5$（HDB$_3$ 经整流后的单极性码）

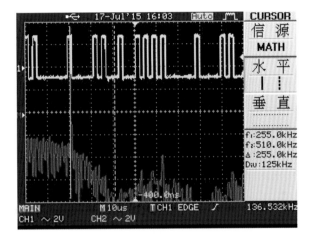

图 4-32　TH$_5$（单极性码）及其频谱

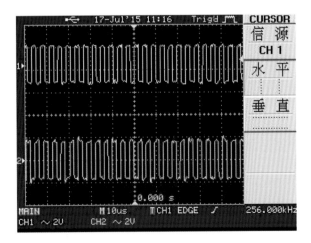

图 4-33　编码输入的时钟和译码输出的时钟

五、HDB₃ 编译码(256 kHz 非归零码实验)

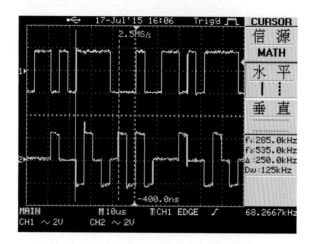

图 4-34　HDB₃ 编码(256 kHz 非归零码)波形

六、HDB₃ 码对连"0"信号的编码、直流分量以及时钟信号的提取与观测

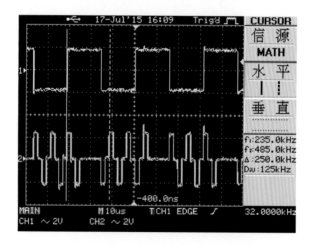

图 4-35　TH₃(编码输入数据)和 TH₁(HDB₃ 输出)波形

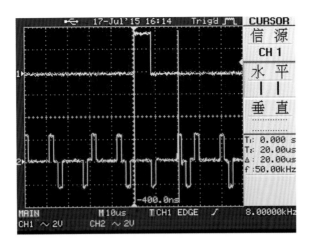

图 4-36　长串连"0"码时 HDB_3 的编码输出

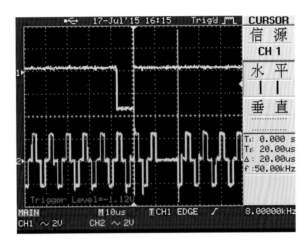

图 4-37　长串连"1"码时 HDB_3 的编码输出

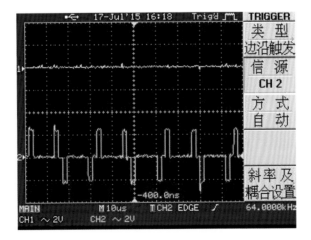

图 4-38　当输入为全"0"时的编码输入数据和 HDB_3 编码输出

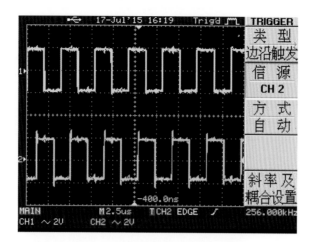

图 4-39　当输入为全"0"时,译码输出时钟与编码输入时钟同步

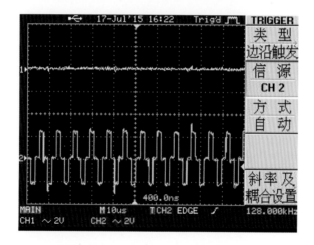

图 4-40　当输入为全"1"时的编码输入数据和 HDB_3 编码输出

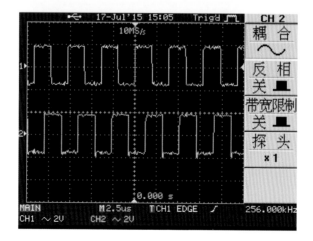

图 4-41　当输入为全"1"时,译码输出时钟与编码输入时钟同步

附录五　ASK 调制与解调实验参考波形

一、ASK 调制

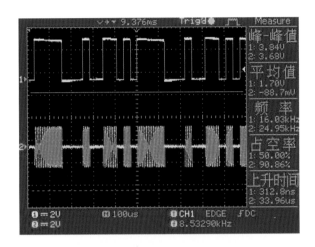

图 5-1　基带输入和调制输出信号波形

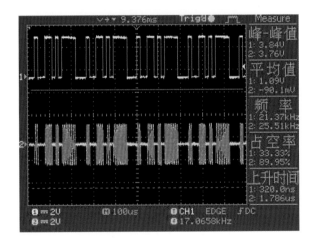

图 5-2　基带输入和调制输出信号波形（64 kHz）

二、ASK 解调

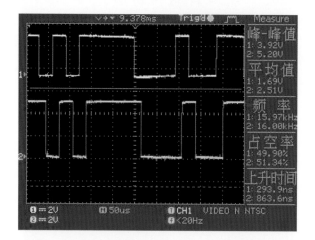

图 5-3　TH₁（ASK 调制输入）和 TH₆（ASK 解调输出）波形

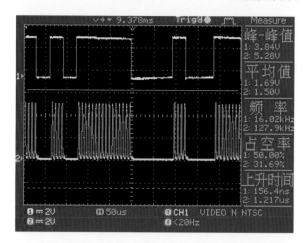

图 5-4　TH₁（ASK 调制输入）和 TP₄（ASK 信号经整流输出）波形

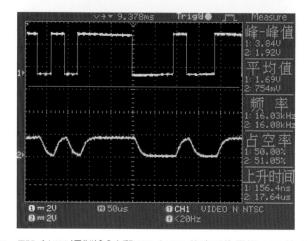

图 5-5　TH₁（ASK 调制输入）和 TP₅（ASK 整流后信号经 LPF 输出）波形

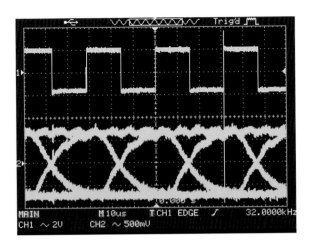

图 5-6　数字调制解调模块 LPF-ASK 眼图

附录六　FSK 调制与解调实验参考波形

一、FSK 调制

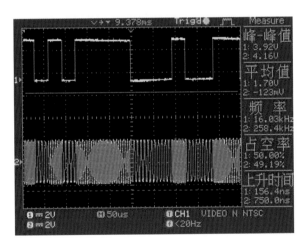

图 6-1　基带输入与 FSK 调制输出波形

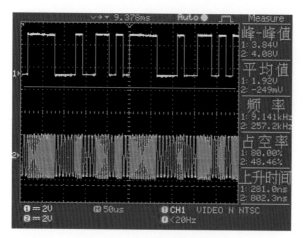

图 6-2　基带输入与 FSK 调制输出波形(64 kHz)

二、FSK 解调

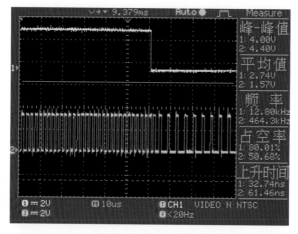

图 6-3　TH_1(基带输入)和 TP_6(单稳相加输出)波形

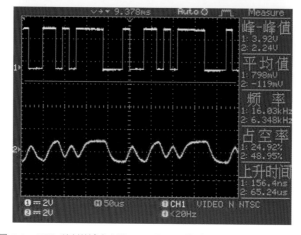

图 6-4　TH_1(基带输入)和 TH_7(FSK 整流后经 LPF 输出)波形

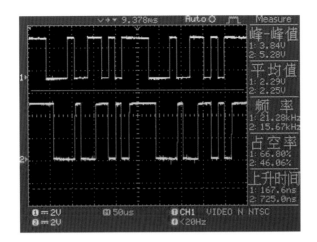

图 6-5　TH$_1$(基带输入)和 TH$_8$(FSK 解调输出)波形

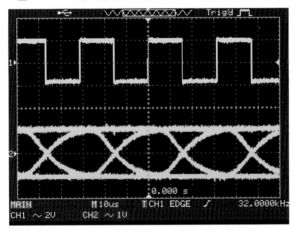

图 6-6　数字调制解调模块 LPF-FSK 信号的眼图

附 录 七　BPSK/DBPSK 调 制 与 解 调 实 验 参 考 波 形

一、BPSK 调制信号观测

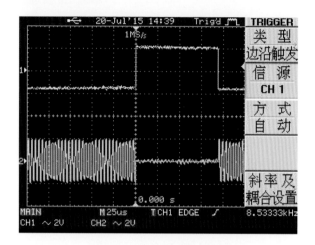

图 7-1　I 路已调信号波形

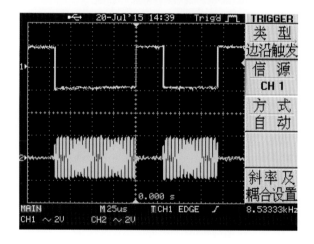

图 7-2　Q 路已调信号波形

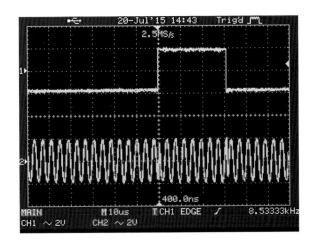

图 7-3　当 PN15 为 32 kHz 时,基带输入和调制输出信号波形

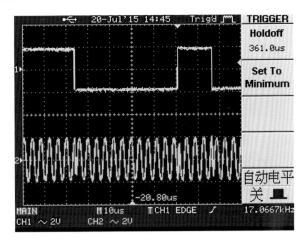

图 7-4 当 PN15 为 64 kHz 时,基带输入和调制输出波形

二、BPSK 解调观测

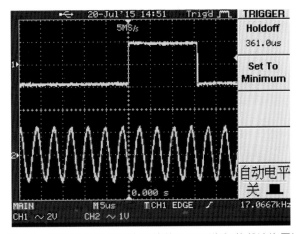

图 7-5　载波同步及位同步模块的"SIN"(恢复的载波信号)

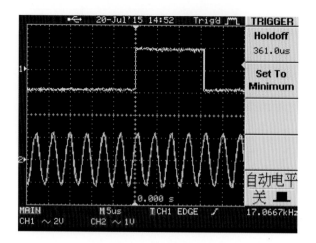

图 7-6　恢复的载波信号"倒相"（与图 7-5 比较）

注：恢复的载波与发端调制使用的载波的相位可能同相，也可能反相。不同的相位关系会影响解调单元恢复信号码元，会出现与原始码元完全一致或刚好相反两种情况。

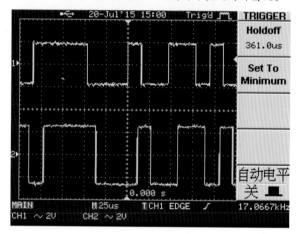

图 7-7　基带信号和 BPSK 解调输出信号（载波相位一致时）

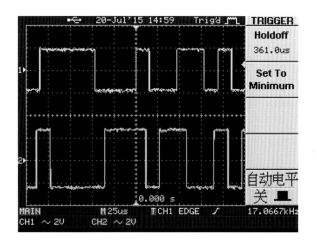

图 7-8 基带信号和 BPSK 解调输出信号（载波相位不一致时）

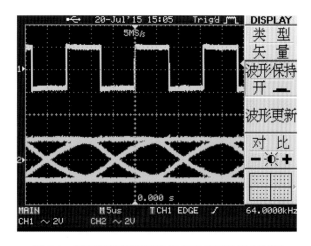

图 7-9 数字调制解调模块的 LPF-BPSK 输出眼图

三、DBPSK 调制信号观测

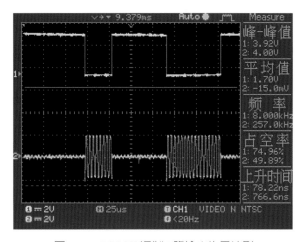

图 7-10 DBPSK 调制 I 路输出信号波形

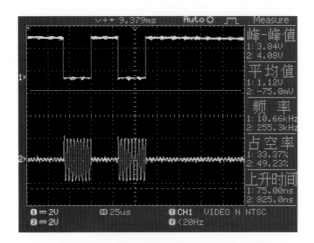

图 7-11　DBPSK 调制 Q 路输出信号波形

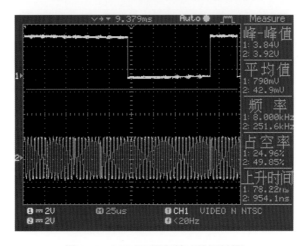

图 7-12　DBPSK 调制输出信号波形

四、DBPSK 差分信号观测

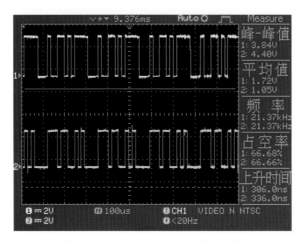

图 7-13　"NRZ-I"差分编码输出波形

五、DBPSK 解调观测

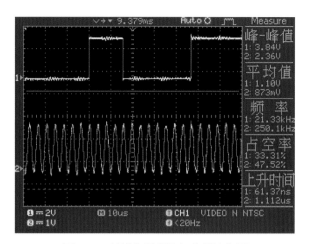

图 7-14　基带信号和恢复的载波信号

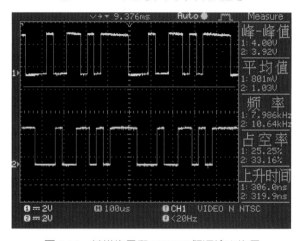

图 7-15　基带信号和 DBPSK 解调输出信号

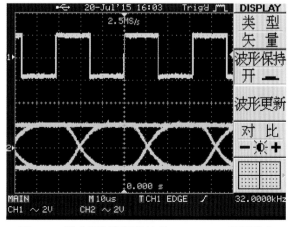

图 7-16　数字调制解调模块的 LPF-BPSK 眼图输出

附 录 八   QPSK/OQPSK 数 字 调 制 实 验 参 考 波 形

一、QPSK/OQPSK 数字调制观测

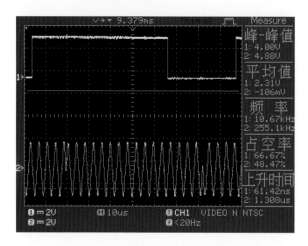

图 8-1   QPSK 数字调制输入及输出波形

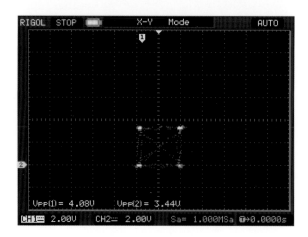

图 8-2   QPSK 星座图

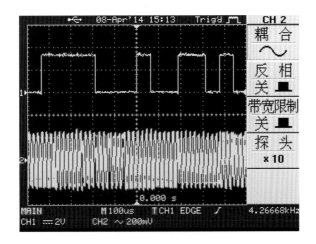

图 8-3 OQPSK 数字调制输入及输出波形

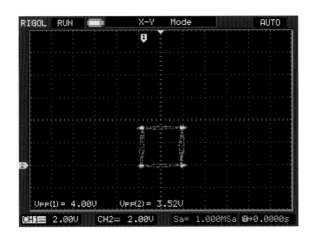

图 8-4 OQPSK 星座图

注：由图 8-4 可知，OQPSK 星座图中的信号点只能沿正方形的四边移动，不再出现沿对角线移动，消除了已调信号中相位突变 $180°$ 的现象。

二、QPSK 无线电调制(选做)

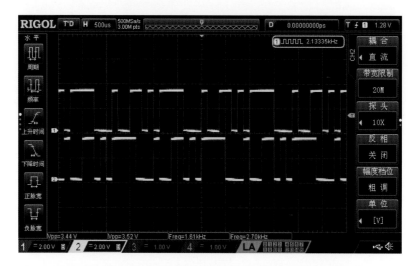

图 8-5　QPSK 基带 I 路信号(1 通道)与 Q 路信号(2 通道)波形

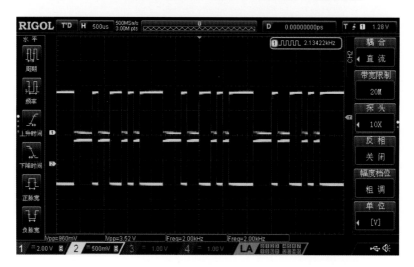

图 8-6　QPSK 调制 I 路信号成形前与成形后的波形对比

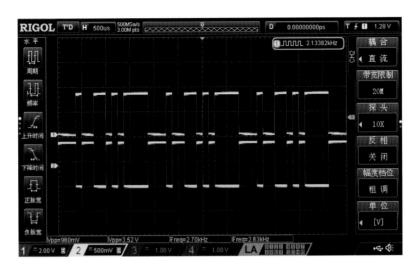

图 8-7 QPSK 调制 Q 路信号成形前与成形后的波形对比

注:示波器的两个通道均设置为直流耦合,图中成形前后(即码型变换前后)的区别为一个是单极性 NRZ 码,一个是双极性 NRZ 码。

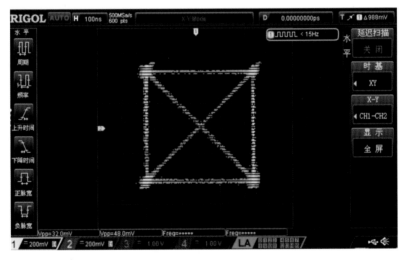

图 8-8 QPSK 星座图

注:示波器需打开"持续"或"余辉"功能,方能显示如图 8-8 所示的相位轨迹,不同品牌示波器显示效果不同,为了显示理想的星座图,基带数据速率设为 128 kHz。

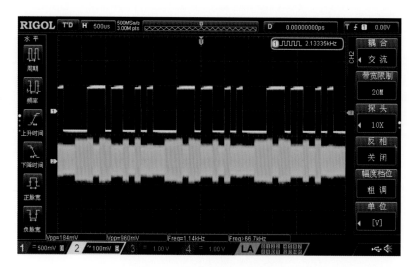

图 8-9 I 路信号调制前后的波形

注：通道 1 为 TH_7(I-OUT)，通道 2 为 TP_3(I)，示波器的两个通道均为交流耦合，$M=500~\mu s$。

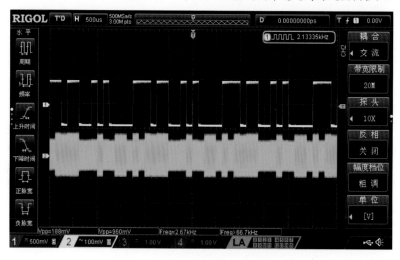

图 8-10 Q 路信号调制前后的波形

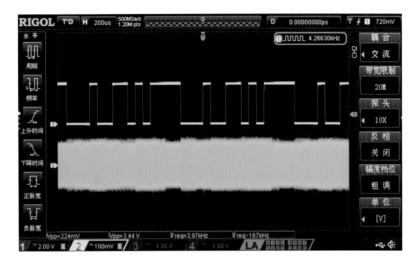

(a) QPSK 调制信号波形

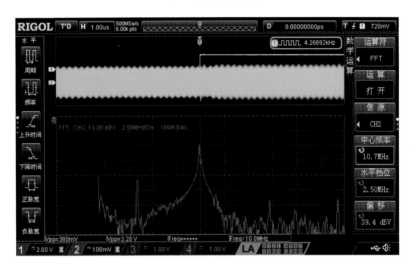

(b) QPSK 调制信号频谱

图 8-11　QPSK 调制信号波形与频谱

三、QPSK 无线电解调(选做)

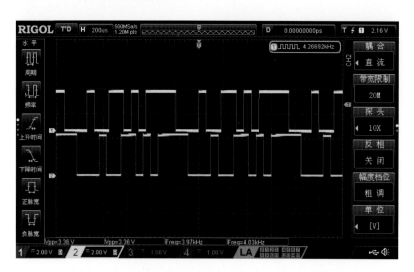

图 8-12　QPSK 相干解调输出(以原始基带信号为触发)

　　注:如果解调输出不正常,对比观测原始载波与相干载波(10 号模块10.7M-I与 11 号模块 SIN),按下 11 号模块复位键 S_3,并调整 11 号模块的 W_1,即改变相干载波相位。正常时应与原始载波同步,可用示波器光标读出解调时延。

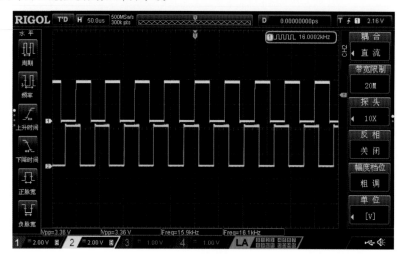

图 8-13　原时钟与解调恢复时钟对比

　　注:基带数据的码速率由时钟频率决定。观测发送时钟与输出时钟的同步状态,收发时钟同步后,两者相对稳定,仅存在一定延时。

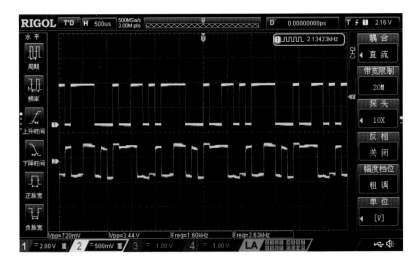

(a)原始 I 路信号与解调后 I 路信号的波形

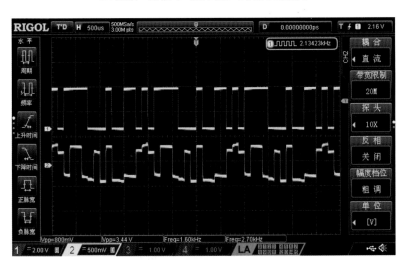

(b)原始 Q 路信号与解调后 Q 路信号的波形

图 8-14　I 路与 Q 路信号解调波形

四、OQPSK 无线电调制与解调(选做)

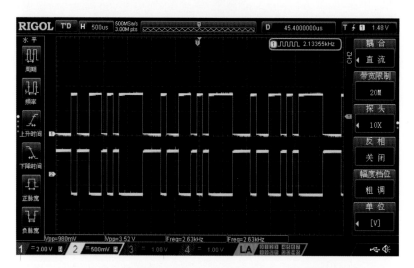

图 8-15　基带信号经过串并变换后输出的 I、Q 两路波形

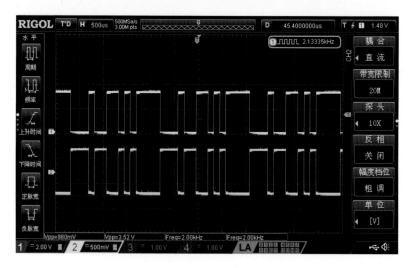

图 8-16　I 路信号成形前与成形后的波形

注:示波器的两个通道均设置为直流耦合。

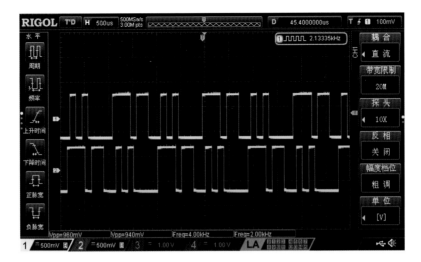

图 8-17　Q 路信号成形前与成形后的波形

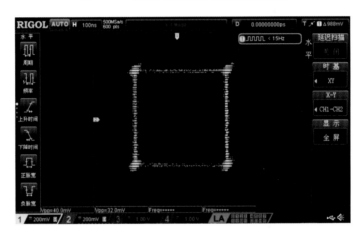

图 8-18　OQPSK 星座图

注：图 8-17 中示波器的两个通道均设置为直流耦合，可以观测码型变换；图 8-18 中，示波器开启 XY 模式，可以观测星座图。

附录九　时分复用通信系统综合实验参考波形

一、256 kHz 时分复用帧信号观测

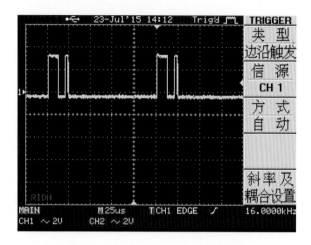

图 9-1　仅有巴克码（帧头）的复用输出

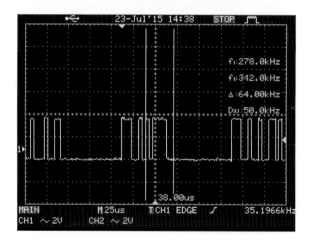

图 9-2　巴克码（帧头）与 PN 序列的复用输出

223

二、256 kHz 时分复用及解复用

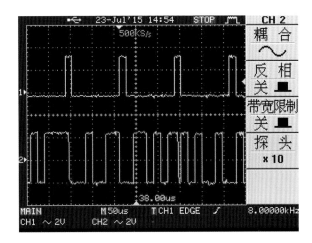

图 9-3　以帧同步为触发观测的 PCM 编码波形

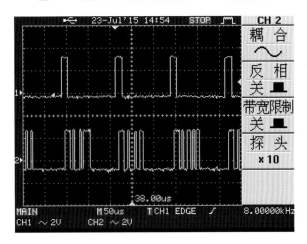

图 9-4　以帧同步为触发观测的复用输出波形

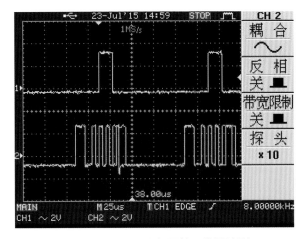

图 9-5　FSOUT 和复用输出信号波形

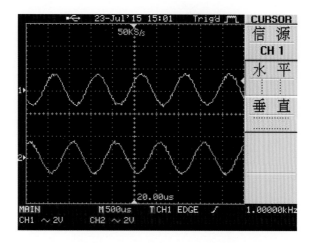

图 9-6　原始信号(A-OUT)和 PCM 译码输出信号波形